U0047937

《金融的智慧》作者 米希爾·德賽───著 李立心、陳品秀───譯

| 哈佛商學院最受歡迎的財務管理課 |

為什麼**現金**比**獲利**更重要？

HOW FINANCE WORKS

以蘋果、鴻海、海尼根、好市多等企業實況，
提供觀念、工具、案例，與業界實務完美銜接

The HBR Guide to
Thinking Smart About the Numbers
by **MIHIR A. DESAI**

作者簡介

米希爾・德賽（Mihir A. Desai）是哈佛商學院瑞穗金融集團（Mizuho Financial Group）教授暨法律學院教授。德賽教授財務金融、創業、稅法幾個科目，近期更在哈佛商學院線上平台（Harvard Business School Online）推出《以財金領導》課程。德賽的學術重心為稅務政策與企業金融，最新出版的書籍是《金融的智慧：結合文學、歷史與哲學的哈佛畢業演講，教你掌握風險與報酬》（*The Wisdom of Finance: Discovering Humanity in the World of Risk and Return*）。

譯者簡介

李立心，台大財金系、翻譯碩士學位學程畢業，現為中英自由譯者，譯作有《獲利優先》《為什麼粉絲都不理我？》與《一擊奏效的社群行銷術》，另有合譯作品《金融詛咒》《為什麼他總是過得比我好？》《引爆瘋潮》《別讓績效管理毀了你的團隊》《一次搞懂統計與分析》等。

陳品秀，台大外文系、台大翻譯碩士學位學程口譯組畢業。

國外推薦

「身為一名財務長，我深知在組織中清楚、及早、頻繁地溝通財金觀念多麼重要。在科技公司裡，懂財金才能夠衡量嶄新、具顛覆性的創新事項有多少價值，但鮮少有人具備結合科技與財金的能力。德賽這本書為財金人士與經理人解釋財金觀念，並在過程中完美結合現代實例與嚴謹敘事，讓財金專家與新手都能真正加深功力。」

——X 公司（原 Google X 實驗室）財務長海倫・萊利（Helen Riley）

「德賽教授在哈佛商學院的課是我最喜歡的課之一，因為那門課幫助我了解深深影響每個產業（包括科技業）的關鍵財金問題。德賽教授會講解財金基礎觀念、傳授學生培養財務直覺的工具，並用各種不同的實際案例測試習得的技巧，本書三者兼具，重現了我的課堂體驗。本書資訊豐富又引人入勝，會提供你各種知識，更重要的是能幫助你建立環繞著各種財金與商業相關情境的直覺。讀商的學生與胸懷遠大抱負的商界領袖，或任何希望可以加深財金知識的人，都應該將它列入必讀書單。」

——Instagram 營運長瑪妮・列文（Marne Levine）

「德賽教授完成了罕見的成就：把通常既複雜又無聊的財務學科變成生動有趣、平易近人的精采佳作，且絲毫不損其重要性。相反地，他強而有力地指出，財金是經濟的命脈，因此每個人都應該了解這門學問。書中清楚說明如何拆解、消化數字和讀懂資產負債表，但本書可不僅止於此。德賽教授在前一本著作與本書中都一再強調，真正重要的議題是：財金的真實本質是資訊與誘因，以及試圖解決資本主義中，分配資本以創造價值的根本問題。身為致力於長期投資的公司執行長，我真心感謝他將聚光燈打在創造與衡量價值這兩項重點之上。」

——道富環球顧問公司（State Street Global Advisors）
總裁兼執行長賽勒斯・塔帕瓦拉（Cyrus Taraporevala）

「德賽教授的建議既實際又巧妙，在我就讀哈佛商學院的時候，給了我啟發，並在我創立 S'well 公司之初，成為指引我這個創業者的明燈。我很高興他寫了這本書，這樣就有更多人可以因他的智慧而受惠！」

——S'well 創辦人兼執行長莎拉・高斯（Sarah Kauss）

「對領域外的人而言，財金就像是一個位處大謎團中的小謎團裡的謎語，滿滿都是行話、會計比率和複雜的法人細節。這個現象讓財務顧問與銀行家占盡便

宜，可以靠著解開這些未知的事情大賺一筆，而德賽教授這本說明財金如何運作的書，出色地呈現了財金背後的單純實情與基本原則。本書帶讀者踏上一段旅程，透過幽默又高雅的內容逐步了解核心概念、財務直覺與工具。不管讀者的背景與興趣是什麼，都會因為這段旅程而汲取更多知識，並獲得啟發。」

——紐約大學史登商學院（NYU Stern School of Business）
財務學教授暨《評價小書》（*The Little Book of Valuation*）
作者阿斯沃斯・達莫達蘭（Aswath Damodaran）

「任何一個想要運用財務資訊的人，不管是企業律師、法務長或一般商務人士，都可以透過本書獲得指引，弄懂對許多人而言是很嚇人的領域。德賽是一名傑出的教授，他具備幾項過人之處：幽默感、輕輕鬆鬆就能化繁為簡、利用遊戲與問題演練確保學生懂得如何靠自己獲取財務資訊而不用聽從他人指揮、鼓勵學生只看有趣的一面而非扮演一名財務分析師。本書充分展現了德賽這些特長。《為什麼現金比獲利更重要？》讀起來是種享受，套用到日常生活中也極具價值。」

——美邦律師事務所（Milbank, Tweed, Hadley & McCloy）
執行董事大衛・沃夫森（David Wolfson）

「終於有人提供一套培養財務直覺的系統給我們這種在學校想盡辦法逃避財金的人：醫生！唯有接受健康照護其實是一門生意，才能夠讓健康照護領域持續演進。《為什麼現金比獲利更重要？》給予我們這些健康照護產業領導者一個機會，不一定要請財務長出馬，也可以與『大頭』同桌會晤。大部分醫生完全沒有財金概念，很怕試算表與財務長。德賽提供了大家求之不得的解藥。」

——牛頓衛斯理醫院（Newton-Wellesley Hospital）
院長麥可・傑夫醫師（Michael Jaff, MD）

「在日新月異的世界中領導一家全球性的科技公司有許多必要條件，其中一項就是即便你是因為其他原因而成為領導人，也要在財金領域中感到安然自得。德賽成功把財金變得有趣又平易近人，並且在讀完本書後，你就會具備在任何組織中擔任領導者或行政主管所需的信心、直覺與知識。」

——SAP 美洲、亞太與日本總裁珍妮佛・摩根（Jennifer Morgan）

獻給
帕華蒂、伊拉、
蜜雅和緹娜

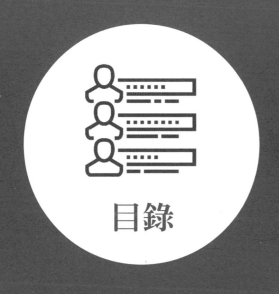

目錄

引言

很多人覺得財務金融神祕又嚇人。會有這種不幸的結果並非偶然，因為許多財金圈的人談到自己的工作就愛故弄玄虛，藉此嚇唬外人。但你如果要開展事業，就非得和財金打交道，因為那是企業的語言、經濟的血脈，而且日漸成為資本主義的中堅力量。棄財金於不顧，並期待自己在會議上故作沉思地點頭就能過關，越來越不可行。

可喜的是你不需要了解試算表模型或衍生性金融商品訂價的繁複細節就可以建立起核心的財金直覺。本書的目標就是讓你可以培養出最基礎的財金直覺，就此不再害怕財務金融。懂得這些概念不會讓你成為財務工程師（其實也不見得需要那麼多財務工程師），但內化這些直覺之後，你在接下來的人生中，就具備基礎能力，可以抱持著信心與好奇心去應對各種財金議題。

本書彙整了我在教 MBA 學生、法律系學生、企業高層、各科系大學生的經驗。過去二十年的教學生涯中，我向來側重圖表和真實案例，而非公式與無關緊要的計算題，希望在確保內容切中要點的同時，避開不必要的複雜內容。過程中，我發現即使沒有說明得非常精確，依然能夠保持嚴謹。我也會盡量把這種精神帶到本書裡。

先修條件

我的父親曾任職於亞洲、美國藥廠，從事行銷工作。他五十八歲時進入金融業，開啟了為期超過十年、精采豐富的第二職涯。父親結合他對產業的深入認識與新習得的財金專業，轉做證券研究分析師。但轉換並不是一趟輕鬆的旅程。

那十年間，我先後以華爾街分析師、研究生、年輕教授的身分學習財務金融。我們會促膝長談，他在自己不熟悉的財金世界中遇到不了解的地方，會向我請教。當我試著說明股價與盈餘乘數、現金流折現的直觀概念時，他向我展示了在辛苦轉換跑道的過程中，好奇心與毅力是多麼強而有力。

好奇心與毅力這兩項特質是本書唯二的先修條件。只要對財金抱持足夠的好奇心，你就會提出問題，引導自己透過書中章節學習。只要夠有毅力，你就能順利理解較困難的內容，並深知你終將跨到另一個境界，變得更了解財金，在專業生涯中也具

備更多利器。我希望你會發現本書既富挑戰性又讓你收穫滿滿。

目標讀者

本書寫給所有希望進一步了解財金的人。財金新手可以找到淺顯易懂的內容，幫助他們建立基礎觀念，開始談論財金。在財金圈打滾的人都很清楚，「談」財金比「做」財金容易，許多觀念不容易精確掌握，對老手而言，本書讓他們不只是死記硬背各種理念或術語的應用，而是可以進一步了解財金觀念。想更上層樓的企業高層在讀了以後，也可以反思他們與財金專家、投資人的互動，未來與那些人互動將更有效果。

閱讀計畫

你可以把本書當參考書，心血來潮或在職場上遇到問題時，就翻一翻。但書中內容是特別設計過的，章節有連貫性，設定上是希望讀者從頭讀到尾。

第一章：財務分析

一開始，我們要先建立財務分析的基礎觀念，這當中就會涵蓋幾乎所有財務語言。如何運用過去的財務數據解釋經濟表現？各種比率與數字代表什麼意思？透過具挑戰性但有趣的遊戲，你會了解許多重要財務比率在現實世界中的意義。第一章刻意獨立於其他章節之外，充滿互動性、實作內容，在繼續閱讀其他章節之前，提供廣泛的導言與暖身。

第二章：財務觀點

許多人以為財務就是財務分析和比率而已，但其實財務分析和比率只是財務領域的起點罷了。為了讓大家了解這一點，我們會建立兩個核心財務觀念：現金比獲利重要；未來比過去和現在重要。產生經濟報酬的真正源頭究竟是什麼？為什麼會計可能大有問題？如果未來這麼重要，我們要如何算出未來現金流現在的價值？

第三章：財金生態系

財金的世界裡，有對沖基金、激進投資人、投資銀行與分析師，看來可能錯綜複雜又晦澀難解，但在學習財金知識與擔任管理者的時候，你必須了解這個世界。我們會試著回答兩個問題：為什麼財金體系如此複雜？有沒有更簡單的做法？

第四章：如何創造價值

最重要的幾個財金議題都關乎價值的來源和如何衡量那些來源。我們會進一步探討第二章介紹的工具，以回答下列幾個問題：價值從何而來？創造價值是什麼意思？什麼是資金成本？如何衡量風險？

第五章：評價的藝術與科學

評價是進行投資決策時關鍵的一步。在本章，我們將說明評價為什麼是本於科學的一門藝術，並簡單說明它的藝術與科學之處。你怎麼知道一間公司值多少錢？哪些投資值得做？我們要如何避免評價企業

時常見的錯誤？

第六章：資本配置

最後，我們要檢視每間公司的財務主管心心念念的關鍵問題：多餘的現金流要怎麼處理？本章會融合前幾章學到的內容，分析你是否該投資新計畫？是否該將現金發還給股東？如果答案是肯定的，又該怎麼操作？

財金世界的嚮導

全書在提出觀念架構的同時，會仰賴五位專家分享他們在現實世界中的觀察與經驗。我選擇這幾位專家，是因為他們可以提供第三章建構的財金生態系中，各個不同面向的觀點。

其中兩位是財務長（chief financial officer, CFO），代表企業立場，兩位投資人分別代表民間與政府觀點，還有一位（像我爸一樣的）證券分析師是財金生態系中的中間人。

第一位財務長是任職於海尼根（Heineken）的蘿倫絲・德布羅克斯（Laurence Debroux）。海尼根是一間跨國飲料公司，事業版圖橫跨全球100多個國家。德布羅克斯從法國的商學院畢業後，進入投資銀行，之後才決定轉做企業內部的財務工作。她曾出任多家公司的財務長，很適合引導大家了解全球各地的企業如何進行投資，與資本市場互動。

第二位財務長是任職於全球生技公司渤健（Biogen）的保羅・克蘭西（Paul Clancy）。在加入渤健之前，克蘭西在百事公司（PepsiCo）已累積了多年經驗，他對於該如何思考創新與研發活動籌資的觀點非常值得一聽。

第一位投資人是摩根史坦利（Morgan Stanley）的亞倫・瓊斯（Alan Jones）。瓊斯是摩根史坦利私募股權部門的全球負責人。他的團隊負責尋找價值被低估的公司，並代表客戶買下那些公司。

第二位投資代表是思格比亞資本（Scopia Capital）的共同創辦人傑瑞米・明帝齊（Jeremy Mindich）。他原本是一名記者，後來發現自己深入調查企業的能力也可以應用到金融業。在為多家對沖基金工作後，他在紐約以共同創辦人的身分創立了目前資產總額超過數十億美元的思格比亞資本。身為對沖基金經理人，明帝齊經常需要評估企業，判斷該企業價值是否被高估或低估。

兩位投資人會分享他們如何衡量公司、評估其價值，進而利用投資創造價值。

第五位專家艾爾伯特・摩爾（Alberto Moel）曾任職於證券研究分析公司博恩斯坦（Bernstein）。摩爾經常與企業財務長和執行長（CEO）會面，也會提供投資人建議。他將分享分析師如何評估企業，弄清楚企業內部情況，並判斷企業價值。摩爾實際上就是企業（由德布羅克斯、克蘭西代表）以及投資人（由瓊斯與明帝齊代表）之間的橋梁。

這五位專家會幫助我們把財金知識與現實世界建立連結，幫助你理解如何實際操作書中內容。文中也會穿插簡短的「真實世界觀點」與每章最後的長篇個案分析：「實地演練」，幫助讀者學習實際應用概念的方法。「想想看」欄位則不時穿插文中，提出與章內概念相關的問題。每一章最後都會附上涵蓋全章內容的小測驗。

現在，就讓我們從一個小遊戲開始吧！

第一章

財務分析

玩個遊戲！邊玩邊學怎麼用比率分析公司表現

　　為了幫助你培養財務直覺，我們要來玩個小遊戲。玩了「用數字衡量公司表現」這個遊戲，你就會了解財務分析中的關鍵過程，藉此引導你進入財務的世界。財務分析回答了幾個財務長、企業主管、投資者與銀行家等財務專家需要回答的核心問題，這些問題都會幫助你了解企業表現、生存能力，與未來發展的根源。

　　財務分析的範疇遠超過會計。在本章，我們不會討論會計方法（如：貸方科目、借方科目），但會利用會計讓你建立對財務比率的直覺判斷力。運用遊戲中的比率時，你將了解到，只要使用同一套方法比較各項數字，就可以憑直覺判斷公司績效的源頭。

　　借錢給一家公司安不安全？公司股東到底可以獲得多少財務報酬？這間公司提供多少價值？這些問題都不能單看某個數字就得到答案。比率提供了普遍的、比較相關數據的方法，經過比較，那些數據才有意義。在這場遊戲中，你只需要看幾個比率，就能辨認出數字代表的十四間龍頭企業。等你了解到只需要幾個比率就能判別一家企業的產業類型時，就可以用你新習得的知識來分析一間公司歷年的表現，並了解數字原來可以用來述說公司的成敗。

　　遊戲開始！

看懂數字

　　請看表 1-1，也是本章的主軸。表中呈現十四家真實存在的公司以及他們在 2013 年的各項比率，每一欄代表一間公司，各公司分屬不同產業（industry）。請注意，這些公司都刻意經過匿名。這就是遊戲重點，你在閱讀本章時，會逐漸了解各個比率，把各欄的數字與相應的公司一一連起，並藉此培養出你的財務直覺。

　　表 1-1 大致分為三個水平區塊。第一個區塊代表的是公司名下資產的分布，包括：現金、設備與存貨（inventory）。第二個區塊顯示這些公司如何籌措購入上述資產的資金，可能是借錢，也可能是向業主或股東籌資。最後一塊則是一系列用來衡量公司表現的財務比率，討論的範疇會超過公司名下擁有什麼以及如何籌資買得。有時候，感覺做財務的人好像每個數字都要拿來相互除過，只是為了讓我們搞不清楚狀況，但事實並非如此。每個數字單獨來看都沒有意

表 1-1　匿名產業連連看

資產負債表百分比	A	B	C	D	E	F	G	H	I	J	K	L	M	N
資產														
現金與有價證券	35	4	27	25	20	54	64	9	5	16	4	2	16	7
應收帳款	10	4	21	7	16	12	5	3	4	26	6	2	2	83
存貨	19	38	3	4	0	1	0	3	21	17	21	3	0	0
其他流動資產	1	9	8	5	4	4	6	6	2	4	1	2	5	0
廠房及設備（淨值）	22	16	4	8	46	7	16	47	60	32	36	60	69	0
其他資產	13	29	37	52	14	22	10	32	7	5	32	31	9	10
總資產*（total assets）	**100**	**100**	**100**	**100**	**100**	**100**	**100**	**100**	**100**	**100**	**100**	**100**	**100**	**100**
負債與股東權益														
應付票據	0	0	8	3	5	2	0	0	11	0	4	4	1	50
應付帳款	41	22	24	2	6	3	2	8	18	12	13	2	6	21
應計科目	17	15	8	1	5	3	3	9	4	5	5	1	6	0
其他流動負債	0	9	9	9	6	18	2	7	11	10	4	2	12	3
長期負債	9	2	11	17	29	9	10	33	25	39	12	32	16	13
其他負債	7	17	17	24	38	9	5	18	13	10	7	23	22	4
特別股	0	15	0	0	0	0	0	0	0	0	0	0	0	0
股東權益	25	19	23	44	12	55	78	25	17	24	54	36	38	10
總負債與股東權益*	**100**	**100**	**100**	**100**	**100**	**100**	**100**	**100**	**100**	**100**	**100**	**100**	**100**	**100**
財務比率														
流動資產／流動負債	1.12	1.19	1.19	2.64	1.86	2.71	10.71	0.87	0.72	2.28	1.23	1.01	0.91	1.36
現金、有價證券、應收帳款／流動負債	0.78	0.18	0.97	2.07	1.67	2.53	9.83	0.49	0.20	1.53	0.40	0.45	0.71	1.23
存貨週轉率	7.6	3.7	32.4	1.6	NA	10.4	NA	31.5	14.9	5.5	7.3	2.3	NA	NA
應收帳款收帳期（天）	20	8	63	77	41	82	52	8	4	64	11	51	7	8,047
總負債／總資產	0.09	0.02	0.19	0.20	0.33	0.11	0.10	0.33	0.36	0.39	0.16	0.36	0.17	0.63
長期負債／總資本	0.27	0.06	0.33	0.28	0.70	0.14	0.11	0.57	0.59	0.62	0.18	0.47	0.29	0.56
營收／總資產	1.877	1.832	1.198	0.317	1.393	0.547	0.337	1.513	3.925	1.502	2.141	0.172	0.919	0.038
淨利／營收	-0.001	-0.023	0.042	0.247	0.015	0.281	0.010	0.117	0.015	0.061	0.030	0.090	0.025	0.107
淨利／總資產	-0.001	-0.042	0.050	0.078	0.021	0.153	0.004	0.177	0.061	0.091	0.064	0.016	0.023	0.004
總資產／股東權益	3.97	2.90	4.44	2.27	8.21	1.80	1.28	4.00	5.85	4.23	1.83	2.77	2.66	9.76
淨利／股東權益	-0.005	-0.122	0.222	0.178	0.171	0.277	0.005	0.709	0.355	0.384	0.177	0.043	0.060	0.039
EBIT／利息費用	7.35	-6.21	11.16	12.26	3.42	63.06	10.55	13.57	5.98	8.05	35.71	2.52	4.24	NA
EBITDA／營收	0.05	0.00	0.07	0.45	0.06	0.40	0.23	0.22	0.05	0.15	0.06	0.28	0.09	0.15

*各欄數字總和經捨入後為100。

資料來源：Mihir A. Desai, William E. Fruhan, and Elizabeth A. Meyer, "The Case of the Unidentified Industries, 2013," Case 214-028 (Boston: Harvard Business School, 2013).

義，需要透過比率才能加以詮釋〔舉例而言，盈餘1億美元到底是多還是少？得和營收（revenue）或其他數字比較才知道〕。

企業名稱與所屬產業如表1-2所示。如你所見，這十四間企業分屬不同產業，而且是各產業的領頭企業。

表1-1中總共有四百零六個不同的數字，可能有點嚇人。許多數字現在看來或許不知所云，但不要驚慌，我現在可以立刻解釋完其中二十八個數字的涵義：表內「總資產」（total assets）和「總負債與股東權益」（total liabilities and shareholders' equity）兩排的「100」分別代表第一和第二個區塊中各項數字的加總。這並不代表這幾間企業的規模都恰好一樣大，表格中的數字其實是比率，反映資產與籌資來源的分布（distribution）。因此，這兩個區塊中的各列數字四捨五入後相加都是100。

為了幫助你進行分析，表1-3利用星巴克（Starbucks，全球連鎖零售業者）2017年的實際數據，示範一般的資產負債表（balance sheet）長什麼樣子。表1-3 (b)中，資產負債表「資產」側（左側）的數字代表的是星巴克擁有什麼，「負債與股東權益」側（右側）則羅列出取得那些資產的資金從何而來。在你個人的資產負債表上，你的衣服、洗衣機、電視、汽車或房子就是資產，如果有任何債務都算是負債，剩下的就是股東權益。股東權益（shareholders' equity）和淨值（net worth）是同義詞，接下來我們都會用股東權益表示。

要拿第三個區塊中的比率來衡量公司表現，我們還需要參考反映公司營運狀況的損益表。表1-4用星巴克2017年的真實數據呈現損益表（income statement）的大致樣貌。損益表會顯示在考量營收與成本之後，公司如何算出淨利（net profit），就像你在思考自己可以存多少錢的時候，要先看你的薪水（就像公司營收）和生活成本（如：伙食費、住房等）。

財務基本上就是看一堆數字，然後思考箇中妙處。現在你已經對表1-1中的比率有粗淺的認識，你有什麼想法？或許你會覺得很好奇，為什麼有些數字跟其他的數字差異這麼大。如果你有這樣的想法，很好！剛開始做財務分析的時候，一大重點就是一邊看著一串數字，一邊找出有趣之處。看到大量數字的時候，最好的切入點就是先找極端值，再設想背後原

表 1-2	遊戲中要辨識的產業與企業

產業	公司名稱
航空業	西南航空
連鎖書店	邦諾書店
商業銀行	花旗集團
電腦軟體開發商	微軟
連鎖百貨，且有推出「自有品牌」簽帳卡	諾德斯特龍
電力與天然氣公用事業，營收 80% 來自電力銷售，20% 來自天然氣銷售	杜克能源
個人電腦，採線上銷售、工廠直送模式，企業客戶銷量占 50% 以上，且製造多外包	戴爾
網路零售業	亞馬遜
包裹遞送服務	優比速
藥廠	輝瑞
連鎖餐廳	百勝餐飲
連鎖藥局	沃爾格林
連鎖雜貨業者	克羅格
社群網路服務	臉書

表 1-3	資產負債表範例

資產：企業所有物	負債與股東權益：用於取得資產的資金從何而來
流動資產	流動負債
現金	應付帳款
應收帳款	其他流動負債
存貨	非流動負債
其他流動資產	長期負債
非流動資產	其他負債
動產、廠房及設備	
無形與其他資產	**股東權益**
	保留盈餘
	其他權益項目
總資產	**總負債與股東權益**

(a) 資產負債表

資產		負債與股東權益	
現金	19%	應付帳款	5%
應收帳款	6	其他流動負債	15
存貨	9	長期負債	36
其他流動資產	2	其他負債	5
不動產、廠房及設備	34		
無形與其他資產	29	總股東權益	38
總資產*	**100**	**總負債與股東權益***	**100**

*總和經捨入後為 100。

(b) 2017 年星巴克年報之資產負債表

表1-4	以 2017 年星巴克年報之損益表為例

收入

營業收入	100 %
銷貨成本	-40
毛利	60
銷貨、一般與管理費用	-42
營業利益（稅前息前盈餘，即：EBIT）	18
利息	-1
稅前收入	17
所得稅費用	-6
淨利	**11%**

委。在判斷哪間公司連結到哪些數字之前，讓我們先看過各個區塊的數字，並找出幾個較極端的數值，再說明那些數字代表的意思。

資產

公司為了要達成設立目的，會投資各種資產，因此培養出對資產的直覺性概念很重要。某些層面上來說，公司本身就是資產。舉例而言，哈根達斯（Häagen-Dazs）擁有要銷售的冰淇淋、做冰淇淋的工廠和運送冰淇淋的卡車。資產的概念就這麼簡單。如表1-5所呈現的，資產會依據變現難易度排序：可以輕易變現的資產稱為流動資產（current assets），並列在最上面。表1-5 中，每列有哪些數字讓你覺得特別有意思？

現金與有價證券

從表 1-5 的第一列開始看，你會發現公司 F 和 G 有超過一半的資產是現金和有價證券（cash and marketable securities）。看到這個數字，你應該要覺得奇怪，為什麼公司要持有這麼多現金？這是現今財務世界中的一個大哉問。公司持有的現金部位較過去大得多，光是美國的企業就握有 2、3 兆美元的現金。以蘋果公司（Apple）為例，它總共持有超過 2,500 億美元的現金。我們之後會再細談這個問題，總之大筆現金部位通常可以被視為：(a) 時局不確定性高時的保險；(b) 準備用來併購其他公司的銀彈；(c) 缺乏投資機會的表徵。

公司如果只持有現金等同於放棄利息收益，不

是明智之舉。因此它們會盡可能把大部分現金放到政府發行的證券（security）中。政府發行的證券都可以快速變現，屬於所謂的「有價證券」。也是因為有價證券變現力強，在資產負債表上通常會跟現金列在一起。

應收帳款

應收帳款（accounts receivable）指的是一間公司預計未來會從客戶手上取得的收入金額。隨著公司與客戶之間逐漸培養出信任，公司可能會願意讓客戶延後付款。很多公司會接受客戶賒帳，讓它們的客戶（通常也是企業）在三十、六十或九十天後再付款。有間公司（N）的資產主要都是應收帳款，你覺得為什麼會這樣？為什麼公司 B、H 和 I 的應收帳款占比這麼低？

存貨

存貨（inventories）是一間公司打算販售的商品

表1-5　匿名產業遊戲的資產														
資產負債表百分比	A	B	C	D	E	F	G	H	I	J	K	L	M	N
資產														
現金與有價證券	35	4	27	25	20	54	64	9	5	16	4	2	16	7
應收帳款	10	4	21	7	16	12	5	3	4	26	6	2	2	83
存貨	19	38	3	4	0	1	0	3	21	17	21	3	0	0
其他流動資產	1	9	8	5	4	4	6	6	2	4	1	2	5	0
廠房及設備（淨值）	22	16	4	8	46	7	16	47	60	32	36	60	69	0
其他資產	13	29	37	52	14	22	10	32	7	5	32	31	9	10
總資產*	**100**	**100**	**100**	**100**	**100**	**100**	**100**	**100**	**100**	**100**	**100**	**100**	**100**	**100**

*各欄總和經捨入後為100。

想｜想｜看

試想以下三家公司：跨國零售商沃爾瑪（Walmart）、辦公用品連鎖店史泰博（Staples）、半導體晶片製造商英特爾（Intel），哪一間公司的應收帳款對銷貨收入比率最高？

2016 年，沃爾瑪的資產負債表上，應收帳款總額 56 億美元，占銷貨收入 1.1%。史泰博的應收帳款總額 14 億美元，占銷貨收入 6.7%。英特爾則是總額 48 億美元、占銷貨收入 8.9%。像英特爾這種做其他公司生意的企業，應收帳款占銷貨收入比重會偏高。沃爾瑪的應收帳款比重不高，是因為它的顧客幾乎都是一般消費者。史泰博則是有趣的居中案例，因為它既有企業客戶，又有零售客戶。

（或用來生產該商品的投入元素）。存貨包括原料、在製品與製成品。哈根達斯的存貨包括所有它生產的冰淇淋，還有用來製作冰淇淋的巧克力、焦糖牛奶醬、咖啡豆。

你會發現有幾間公司（E、G、M 和 N）沒有存貨。怎麼會有公司沒有東西要賣？這題的答案也是這個遊戲中的第一道線索。答案是，那些通常是提供服務的公司。想想律師事務所、廣告公司或醫療業者，它們都不販售實體物品，而是服務。

不動產、廠房及設備

不動產、廠房及設備（property, plant, and equipment; PP&E）指的是公司用來生產或配送產品的有形長期資產，包括企業總部、工廠、廠內機器和店面。舉例而言，一間公用事業公司的不動產、廠房及設備底下，可能會包含幾座大型水力發電水壩，零售商則有多間店面。請注意公司 I、L 和 M 的不動產、廠房及設備比重都偏高，超過 60%。那些公司應該屬於哪些產業？

其他資產

剛剛提到有些公司現金占比高，也有些公司像公司 D 一樣，「其他資產」（other assets）的比例特別高。事實上，現金與其他資產比重增加是財務領域的兩大趨勢。但什麼算是「其他」？其他資產可

以包含很多東西，不過通常是無形資產（intangible assets），也就是你不能真實碰觸但仍具有價值的資產，例如：專利和品牌。

這裡要特別留意的是，會計師如果不知道明確價值，就不會賦予無形資產價值。舉例而言，可口可樂（Coca-Cola）是個非常有價值的品牌，品牌或許是它最有價值的資產，但可口可樂不知道這個品牌確切值多少錢。因此，會計師會遵循會計學上的穩健原則（principle of conservatism）忽略品牌價值不計。然而，不確定價值就選擇忽略的概念，使得許多做財務的人不相信會計。

當一間公司買下另一間公司時，過去不能明確計算價值的無形資產，現在在會計上就有價值了，因為有人真的為了那項資產出錢收購（acquisition）。這就衍生出其他資產項目中，一項特別重要的元素：商譽（goodwill）。當一間公司併購另一間公司時，付出的金額超出被收購公司資產負債表上資產價值的部分，一般就會在收購方的資產負債表上列為商譽。因此，那些其他資產和商譽占比高的公司，往往曾經併購過其他擁有許多無形資產的公司，被併購的公司原本因為穩健原則，而沒有列出無形資產的價格。

負債與股東權益

第二個區塊：負債與股東權益（liabilities and shareholders' equity），呈現企業如何籌資的相關資訊（請見表1-6）。企業購買資產時，主要有兩個資金來源：債主和股東。負債指的是向債權人借

想｜想｜看

2016 年，微軟（Microsoft）砸下 262 億美元買下領英（LinkedIn），當時領英的帳面價值是 70 億美元。微軟多付的 192 億美元會出現在微軟的資產負債表上，被列為「其他資產」，其中包括商譽。微軟為什麼願意多付那 192 億美元？

其中一個例子是，微軟可以運用領英手上 4.33 億用戶的資料，以加強它對企業解決方案與生產力產品的行銷。領英手中握有的那些使用者資訊由於價值難以估算，所以從來沒有出現在資產負債表上，但微軟在併購領英的過程中，把那份價值具體呈現了出來。

的、企業欠的錢；股東權益（或淨值）則是股東提供的資金。

你可能會發現自己的生活也可以套用相同概念。你的負債（信用卡、房貸、車貸、學貸）幫助你購入資產（房子、車子，還有最重要的珍貴人力資本）。你的資產與負債差額，就是股東權益（或淨值）。

如同表1-6所呈現的，各產業與企業籌資的方

式不盡相同。以公司G為例，這間公司大量使用股東權益來籌資。像公司N這樣的企業，則不怎麼仰賴股東的資金。兩種籌資方式的組合反映資本結構（capital structure），也是我們第四章會討論到的議題。負債項目依據公司需要償還的期間長短分類，很快就要償還的負債是「流動負債」（current liabilities）。

| 表1-6 | 匿名產業遊戲之負債與股東權益 |

資產負債表百分比	A	B	C	D	E	F	G	H	I	J	K	L	M	N
負債與股東權益														
應付票據	0	0	8	3	5	2	0	0	11	0	4	4	1	50
應付帳款	41	22	24	2	6	3	2	8	18	12	13	2	6	21
應計科目	17	15	8	1	5	3	3	9	4	5	5	1	6	0
其他流動負債	0	9	9	9	6	18	2	7	11	10	4	2	12	3
長期負債	9	2	11	17	29	9	10	33	25	39	12	32	16	13
其他負債	7	17	17	24	38	9	5	18	13	10	7	23	22	4
特別股	0	15	0	0	0	0	0	0	0	0	0	0	0	0
股東權益	25	19	23	44	12	55	78	25	17	24	54	36	38	10
總負債與股東權益*	**100**	**100**	**100**	**100**	**100**	**100**	**100**	**100**	**100**	**100**	**100**	**100**	**100**	**100**

*各欄總和經捨入後為100。

應付帳款與應付票據

應付帳款（accounts payable）代表的是公司欠其他人的錢，通常短期內就得償還，而且債權人一般是供應商。一間公司的應付帳款多半會跟另一間公司的應收帳款相呼應。公司 A 欠供應商大筆款項，有什麼可能原因？其中一個可能是公司 A 遇到財務困難，沒有能力還錢給供應商。另一個可能原因則是它刻意拖久一點才付錢給供應商。哪一種解釋可能性較高？

有時候公司手上會握有應付票據（notes payable），即：短期財務責任。你會發現公司 N 是唯一一間非常仰賴應收票據的公司，它的應收帳款數目也遠超過其他公司，讓它整體感覺很突兀。你覺得會是哪一間公司這麼特別？

應計科目

應計科目（accrued items）大致上代表其他已經完成的商業活動產生的欠款，像是薪資。資產負債表製表的時間可能卡在發薪週期的中間，這時候公司就可能積欠尚未發放的薪水。

想｜想｜看

之前我們討論了沃爾瑪、史泰博、英特爾的應收帳款數額。想想這幾間公司的客戶中，哪些可能會欠它們錢。換言之，哪些公司的應付帳款會對應到這三間公司的應收帳款？

英特爾是最簡單的例子。它把晶片賣給製造有運算功能產品的電子產品製造商，聯想（Lenovo）或戴爾（Dell）都可能是它的客戶。因此，英特爾帳本上的應收帳款就會對應到聯想或戴爾的應付帳款。

長期負債

當我們從表 1-6 的短期負債移動到長期負債（long-term debt）時，是第一次真正遇到債務。債務與其他負債不同，因為債務會搭配明確的利息。你這一生中十之八九有背負債務的經驗。例如：學生借錢繳大學學費，因此背負學貸，或是屋主借錢買房。在表 1-6 中，你會發現有些公司負債程度頗高，有三到

四成的資產都是透過借錢購入的。

特別股與普通股

股東權益代表的是所有權和變動報酬，實際上，企業扣除成本與負債後，剩餘現金都屬於公司業主。債權人則是可以獲取固定報酬（即：利息），沒有所有權，但如果公司倒閉，債權人可以比股東權益擁有者優先獲得支付。股東權益擁有者可以獲得變動報酬，也有公司所有權，但如果公司倒閉就可能一無所有。一般情況下，股東權益、淨值、業主權益、普通股實際上都是同義詞。股東權益不只是業主最開始投資的金額，隨著企業開始賺錢，獲利可以轉成股利發放，或再投入公司進行投資。這些保留盈餘（retained earnings）也會算進股東權益項目，因為保留盈餘就像是股東獲得股利之後，又把這筆錢再次拿去投資公司，如同他們最初投資這間公司一樣。

只有公司 B 有特別股（preferred stock）。為什麼？既然提到了，特別股是什麼？為什麼某一種類型的股東比較特別？特別股通常被稱為混合型工具，因為它同時具備債務與權益性質。特別股股東和公司

來看一下兩家公司資產對長期負債的比例：E 公司（29%）和 I 公司（25%）。你覺得哪家公司的債務風險比較高？

要回答這個問題就要先了解兩家公司的現金水位：E 公司的現金占資產 20%，而 I 公司的現金只占資產 5%。財務分析師有時會把現金視為「負的債務」，因為現金可以立刻用來償抵債務。在本題的案例中，公司 E 的淨債務（net debt）為 9%，而公司 I 的淨債務則為 20%。從這個角度來看，繼續借錢給公司 I 的風險會比繼續借錢給公司 E 更高。

債權人一樣是領取固定報酬（股利），也會在普通股（common stock）領取股利之前，優先取得股利，但就像普通股股東一樣，特別股股東具有公司的所有權，如果公司倒閉，也是要等債務還清之後，才能取得剩餘價值。正如其名，特別股持有者享有特別

待遇：當公司倒閉，特別股股東可以比普通股股東先獲得償還，狀況好的時候，也可以像一般股東一樣獲益，比債權人好。

為什麼公司會發行這種股票？試想一間正值難關、前途風險重重的公司，碰到這種真的可能倒閉的公司，你會願意投資它們的普通股嗎？你會願意借錢給它們，卻只領取與風險不相稱的固定報酬嗎？特別股獨一無二的特性，就是要讓公司可以在危急存亡之秋籌措資金。

想｜想｜看

創投（venture capital）基金公司提供新創資金時，幾乎都是要求換取特別股。為什麼它們比較喜歡這種出資方式？

創投用特別股的形式入股，可以在公司表現不佳的時候，保障自己的投入資金，同時又可以在公司表現好的時候，靠著將特別股轉成普通股，享受較高的報酬。

看懂比率

剛剛我們已經剖析了公司的資產負債表如何反映公司狀況，現在我們要來看分析一家公司時，另一項更重要的指標：財務比率。比率就是商業的語言（language of business），搞財務的人喜歡創造比率、談論比率，把比率上下翻轉或拆解等等。

比率可以用來比較不同公司的表現，或比較同公司不同期間的表現，藉此賦予數字意義。舉例而言，可口可樂 2016 年的淨利是 73 億美元。對可口可樂而言，這樣算很多嗎？如果沒有其他背景資訊，很難回答。如果知道可口可樂的淨利占營收 16%（用淨利除以營收），就很有幫助。同理，只知道可口可樂負債 640 億美元，也沒什麼意義，但如果知道它的資產中有 71% 由負債支應（負債除以資產），就讓我們對公司的了解深入得多。你也可以把這些比率跟其他公司的比率或可口可樂的歷史數據做比較。

表 1-7 的比率大致上回答了四個問題。第一，公司獲利能力如何？第二，公司效率或生產力多高？第三，公司如何籌資？第四個問題則關乎流動性（liquidity），也就是公司創造現金的速度。如果你

的資產都是不動產，那麼流動性就很低，如果錢都在活存帳戶，流動性就很高。

流動性

大部分的公司會破產（bankruptcy）都是因為現金用完了。流動性比率（liquidity ratios）把重點放在

公司運用可快速變現的資產來還清短期債務的能力，因此可以用來衡量公司因現金用罄而破產的風險。供應商希望下游廠商流動性比率高，因為這樣才能確保客戶付得出錢來。對股東而言，流動性高則有利有弊。股東當然也希望確保公司不會倒閉，但流動性高的資產（如：現金和有價證券），報酬可能不怎麼高。

表1-7	匿名產業遊戲比率													
財務比率	**A**	**B**	**C**	**D**	**E**	**F**	**G**	**H**	**I**	**J**	**K**	**L**	**M**	**N**
流動資產／流動負債	1.12	1.19	1.19	2.64	1.86	2.71	10.71	0.87	0.72	2.28	1.23	1.01	0.91	1.36
現金、有價證券、應收帳款／流動負債	0.78	0.18	0.97	2.07	1.67	2.53	9.83	0.49	0.20	1.53	0.40	0.45	0.71	1.23
存貨週轉率	7.6	3.7	32.4	1.6	NA	10.4	NA	31.5	14.9	5.5	7.3	2.3	NA	NA
應收帳款收帳期（天）	20	8	63	77	41	82	52	8	4	64	11	51	7	8,047
總負債／總資產	0.09	0.02	0.19	0.20	0.33	0.11	0.10	0.33	0.36	0.39	0.16	0.36	0.17	0.63
長期負債／總資本	0.27	0.06	0.33	0.28	0.70	0.14	0.11	0.57	0.59	0.62	0.18	0.47	0.29	0.56
營收／總資產	1.877	1.832	1.198	0.317	1.393	0.547	0.337	1.513	3.925	1.502	2.141	0.172	0.919	0.038
淨利／營收	-0.001	-0.023	0.042	0.247	0.015	0.281	0.010	0.117	0.015	0.061	0.030	0.090	0.025	0.107
淨利／總資產	-0.001	-0.042	0.050	0.078	0.021	0.153	0.004	0.177	0.061	0.091	0.064	0.016	0.023	0.004
總資產／股東權益	3.97	2.90	4.44	2.27	8.21	1.80	1.28	4.00	5.85	4.23	1.83	2.77	2.66	9.76
淨利／股東權益	-0.005	-0.122	0.222	0.178	0.171	0.277	0.005	0.709	0.355	0.384	0.117	0.043	0.060	0.039
EBIT／利息費用	7.35	-6.21	11.16	12.26	3.42	63.06	10.55	13.57	5.98	8.05	35.71	2.52	4.24	NA
EBITDA／營收	0.05	0.00	0.07	0.45	0.06	0.40	0.23	0.22	0.05	0.15	0.06	0.28	0.09	0.15

流動比率

$$\frac{流動資產}{流動負債}$$

流動比率（current ratio）可以回答供應商的幾個問題：客戶如果即將倒閉，還付不付得出錢給供應商？流動資產是否足以抵銷所有流動負債（包括對供應商的欠款）？當供應商在考慮要不要延長某間公司的信用期間，流動比率是個關鍵數字。流動比率也可以用來判斷公司能不能撐過未來的六個月或十二個月。

速動比率

$$\frac{（流動資產－存貨）}{流動負債}$$

速動比率（quick ratio）和流動比率很相似，只是分子要扣除存貨。為什麼要特別把存貨挑出來？你或許會認為存貨只和營運有關係，但對做財務的人而言，存貨代表公司未來可能會需要籌資的風險。存貨可能伴隨很高的風險。想想黑莓（BlackBerry）這間在產品快速過時的智慧型手機市場打滾的公司。2013年，黑莓延遲推出 Z10 機型，最後被迫宣布價值10億美元的存貨其實一文不值。對於存貨風險高的公司而言，可以用速動比率更審慎檢視公司流動性。

想｜想｜看

想想以下這三家公司。全球礦產與金屬公司力拓集團（Rio Tinto Group）、微型鋼廠紐克鋼鐵（NuCor Corporation）與奢華時尚品牌Burberry。針對這幾間公司，你希望看到各公司的哪一項比率，是速動比率還是流動比率？

這個問題的重點在於你覺得哪一間企業存貨風險最高。從各方面來看，Burberry 的存貨風險應該最高，因為並沒有即期市場（spot market）可以讓它將存貨換成錢。如果新產品的風格設計出錯了，存貨可能完全滯銷，甚至打折還賣不出去。相反地，力拓集團或許比較有辦法快速處理掉存貨，因為它手上的原料有即期市場可以賣。紐克鋼鐵則介在中間。

獲利能力

獲利能力（profitability）有很多衡量方法，要看問題是什麼，再決定適當的量測指標。在衡量獲利能力時，也可以完全不使用傳統以會計為本的衡量方法。

一如往常，獲利必須要和其他東西做比較。例如，你可以看淨利（也就是營收扣除成本與費用），拿來跟銷貨收入比較（代表利潤率），或是跟股東權益比（代表每個股東可以獲得的報酬）。這兩者都是衡量獲利能力的關鍵指標。一個數字解釋的是：每收到 1 美元的營收，公司扣除所有相關成本之後，可以留下多少？另一個用淨利除以股東權益獲得的數字，則是回答：股東每投資 1 美元到公司裡，每年可以獲得多少報酬？這就是報酬的概念，明確來說，就是股東權益報酬率（return on equity, ROE）。

淨利率

$$\frac{淨利}{營收}$$

如表 1-1 所呈現的，考量不同成本組合，會得出不同的獲利數字。毛利（gross profit）只從營收中扣除與生產產品相關的支出，營業利益（operating profit）則要進一步扣除其他營業成本，包括銷售與管理費用。最後，淨利則是拿營業利益再去扣掉利息與稅務成本。有趣的是，公司 A 和公司 B 淨利率（profit margin）為負值，公司 D 和公司 F 的淨利率則高達約 25%。

股東權益報酬率

$$\frac{淨利}{股東權益}$$

股東權益報酬率（ROE）衡量的是股東全年獲得的報酬，特別是看股東每投入 1 美元的權益，每年可以獲得多少收益？來看兩個例子，公司 C 的 ROE 是 22%，但公司 M 的 ROE 只有 6%。

資產報酬率

$$\frac{淨利}{總資產}$$

資產報酬率（return on assets）回答的問題是：

每1美元的資產可以為公司創造多少獲利？這其實是在說明公司的資產在創造收益上，效率有多高。

EBITDA 利潤率

$$\frac{EBITDA}{營業收入}$$

EBITDA 是史上最強財務字首縮寫之一，唸的時候最好快速唸過去，發音像這樣「E-BIT-DA」。這個數字的出現意味著我們要把重點從會計上的獲利觀念，轉向財務中的現金部位。什麼是 EBITDA？讓我們先把它拆成兩部分：EBIT 和 DA。

EBIT 其實就是用比較花俏的財務用語來講營業利益。如果從損益表最底部開始往上看，可以把營業利益重新描述成「稅前息前盈餘」（earnings before interest and taxes），或簡稱「EBIT」。由於各公司要繳的稅與資本結構不同，用 EBIT 可以更直接比較公司表現。舉例而言，美國出版社和德國出版社的稅率可能不一樣，由於計算淨利時，會扣除稅額，因此呈現出來的狀況可能受到扭曲；EBIT 把稅額項目排除，就可以避免這個問題。

那什麼是 DA？DA 是「折舊與攤銷」（depreciation and amortization）的縮寫。折舊指的是像是交通工具或設備等實體資產隨時間過去而損失的價值。攤銷也是一樣意思，只是主體變成無形資產。之所以要強調 DA，是因為這兩項費用不涉及現金支出，只是用以表示資產的價值耗損。假設你蓋了一間工廠，從會計上來看，你要進行折舊，並負擔折舊費用，但在財務上，我們重視的是現金，而折舊不需要實際支付現金，因此 EBITDA 或「稅前息前折舊攤銷前盈餘」（earnings before interest, taxes, depreciation, and amortization）可以衡量營運活動創造的現金。由於在計算 EBIT 的時候，扣除了 DA，所以要加回來才可以得到 EBITDA 的數字。

進入第二章後，我們很快會了解到現金位處財務觀念的核心位置。其中一個我之後會深談的例子是亞馬遜（Amazon）。亞馬遜的淨利數字不怎麼樣，但 EBITDA 數字非常亮眼。表 1-7 中的企業，公司 D 明顯創造大筆現金：45%；或者說，每得到 1 美元的收入，就可以產生 45 美分的現金！公司 L 情況類似，淨利率普通，只有 9%，但 EBITDA 利潤率高達 28%，為什麼會這樣？

籌資與槓桿

槓桿（leverage）是財務領域中，最強大的概念之一，並且與我們之前談到的籌資選擇與資本結構有點關係。你可能有些做財務的朋友，聊起槓桿就眼角泛淚，槓桿可以建立帝國，也可以摧毀帝國，你等等就會明白背後原因。

為什麼稱為「槓桿」？最好理解的方法就是想想工程中槓桿的力量，想像一顆你無法靠一己之力撐起的大石頭，而你現在可以用一根桿子移動它，就像變魔術一樣，透過那根桿子，你把自己施的力放大好幾倍。這正是財務中槓桿的樣貌，槓桿讓你移動原本無法移動的石頭，財務上的槓桿讓業主得以控制原本無法掌控的資產。

我們以你買房子以後的個人資產負債表為例。如果你無法貸款的話會怎麼樣？如果你有 100 美元，那就只能買價值 100 美元的房子。但如果有房貸市場，你就可以借錢買到價值 500 美元的房子。讓我們來看看這兩個情況下，你的資產負債表會長什麼樣子（請見表 1-8）。

事實上，財務槓桿讓你得以住在一間你無權居住的房子裡，這就像那根幫你舉起石頭的槓桿一樣神奇。

問題來了：你在情境 A 還是情境 B 中比較有錢？有些人認為你在情境 A 中比較富有，因為你不欠錢。也有人認為你在情境 B 中比較富有，因為住在較大的房子裡。實際上，你的財富完全相同，不管是哪一個情境，你都持有 100 美元的權益。

槓桿不只讓你得以掌控原本無權掌控的資產，還增加了你的報酬。假設在兩個情境之下，房子都增值 10%。情境 A 中，你的股東權益報酬率是 10%，但在情境 B 中，假使房子的價值提升到 550 美元，貸款仍維持 400 美元，你的報酬率就會是 50%。

然而，事情未必總是如此美好。如果房子的價值下跌 20%，那麼情境 A 的股東權益報酬率

表 1-8　買房的資產負債表

情境 A		情境 B	
資產	負債與淨值	資產	負債與淨值
價值 100 美元的房子	淨值 100 美元	價值 500 美元的房子	貸款 400 美元
			權益 100 美元

是－20%，情境 B 中就是－100%！因此，管理槓桿超級重要，因為它不僅讓你做到原本做不到的事情，還會放大你的收益與虧損。

摩根史坦利私募股權部門全球主管瓊斯，談論私募股權如何操作槓桿：

房貸的譬喻非常巧妙。假設我們要收購一間價值 100 美元的公司，我們可以用 100 美元的權益或向他人借來的 70 美元搭配 30 美元自有資本來完全買下這間公司。如果在我們持有公司的期間，公司價值翻倍，那麼在第一個情況下，我們的報酬就是多出來的 100 美元，或者說在持有期間報酬率約 100%。但如果我們用借來的 70 美元（即：債務）出手買下同一間公司，我們現在的權益價值是 130 美元，這當中只有 30 美元是我們一開始投資的，因此我們手上的錢不只翻倍，而是當初投資金額的 4 倍有餘。因此，人們總會想盡可能多拿「其他人的錢」。

資產負債率

$$\frac{總負債}{總資產}$$

資產負債率（debt to assets）看的是靠舉債資金支持的資產占比多寡，可以從資產負債表的角度看槓桿。

負債資本比

$$\frac{長期負債}{（長期負債＋股東權益）}$$

長期負債對資本的比率將重點放在負債與權益的比重分配，用較細緻的手法衡量槓桿程度。這個比率的分母是總資本（capitalization），也就是公司的負債加上權益。如我們所見，這兩者是公司籌措資金的主要方法，但我們看待它們的方式不一樣。負債會伴隨固定的利息成本，股東權益則會提供變動（也就是會波動的）報酬與所有權。負債資本比（debt to capitalization）可以看出一間公司有多少資金來自舉債，這樣就可以撇除與營運相關的負債。

資產權益比

$$\frac{資產}{股東權益}$$

槓桿讓業主可以掌控原本無權掌控的資產。資產權益比（assets to shareholders' equity）讓我們可以清楚看出，業主可以掌控的資產相較於自有資本，確切超出多少。因此，也可以從這個比率看出，報酬因槓桿而放大幾倍。

利息保障倍數

$$\frac{EBIT}{利息費用}$$

前三項比率都是看資產負債表的數字，但最關鍵的問題通常是公司到底付不付得出利息。從 EBIT 對利息費用的比率，可以看出一間公司用營運收入支付利息的能力，且用來計算的數據完全來自損益表。

舉個例子，利息保障倍數（interestcoverage ratio）是 1 的公司，目前營運的狀況恰好足以支付利息。這就像是你的月收入剛好等於每個月要付的貸款。

還有一個混合式指標，同時運用損益表與資產負債表的數字，就是用長期負債除以 EBITDA，如此一來就可以結合兩表的資訊。

生產力或效率

生產力（productivity）是個熱門的流行用語，但從財務的角度來看，生產力是什麼意思？一言以蔽之，生產力增加意味著你可以用更少的資源擠出更多東西。更明確地說，生產力比率衡量的是一間公司是否可以善用自己的資產來進行生產。長遠來看，提升生產力是經濟成長最重要的因子。

資產週轉率

$$\frac{營收}{總資產}$$

資產週轉率（asset turnover）可以用來衡量一間公司用資產創造營收的效率，也是衡量公司生產力的關鍵指標。

過去二十年來，藥廠逐漸增加槓桿度。舉例而言，2001 年，默克（Merck）的長期負債對股東權益比率是 0.53，輝瑞（Pfizer）是 1.14。2016 年，默克的長期負債對股東權益比率達到 1.28，輝瑞是 1.58。是什麼導致製藥產業出現這樣的轉變？

其中一個可能的解釋是藥廠創造現金流的穩定度提升了，因此可以承擔更高額的債務。為了規避高風險的研發過程，大藥廠越來越常向生技公司購買前景看好的技術，而不再自行投入高風險的新療程或藥品研發。因此大型藥廠的整體風險降低了，債權人更願意提高它們的信用額度。

私募股權公司有時候會透過舉債進行交易，買下其他公司，稱為「槓桿收購」（leveraged buy-outs, LBOs）。在這種操作中，私募公司要借錢來買斷許多股份，因此槓桿度會較過去大幅提升。你認為什麼樣的產業會是槓桿收購的目標？

簡言之，如果一間公司具備穩定的商業模式，還有忠誠的客戶，那麼它就是一個好的候選標的。一間現金流穩定的公司會比仰賴高風險科技的公司更有能力承擔高槓桿。傳統的槓桿收購標的包括煙草公司、電玩公司和公用事業，因為這些產業的客戶忠誠度高，需求又好預測，也不太會被取代。

存貨週轉率

$$\frac{銷貨成本}{存貨}$$

存貨週轉率（inventory turnover）看的是公司在某一年內，存貨週轉了幾次，也就是賣光存貨的次數。數額越高代表一間公司在販售產品時，存貨的管理越有效率。由於存貨基本上是個仰賴資金支持的風險性資產，存貨週轉率越高，財務上就越有價值。

我們可以用存貨週轉率推導出另一項觀察存貨管理能力的指標：存貨天數（days inventory）。

過去幾十年來，資訊科技的發展是生產力提升的重要實例。舉例而言，1990年代美國整體生產力提升，很大一部分要歸功於零售商和躉售商（特別是沃爾瑪）。麥肯錫全球研究所（McKinsey Global Institute）指出，零售業中，「沃爾瑪持續進行管理上的創新，提振了競爭強度，並使零售最佳做法得以散播，是直接與間接造成生產力大增的關鍵因素。」[1]這樣的生產力增幅如何體現在經濟體中？

生產力提升可能提高薪資與出資者的報酬，並讓顧客可以享受較低價格。雖然許多評論者感嘆，在生產力提升的同時，薪資並沒有增加，但生產力的提升大幅壓低消費者面對的價格，嘉惠了低收入者。因此，生產力提升或許沒有消弭收入不均的問題，但確實減輕了消費上的不平等。

存貨天數

$$365 \div 存貨週轉率$$

用一年的天數（365）去除以存貨週轉率，就可以算出一件存貨賣出以前，留在公司內的平均天數。請看表1-1中的公司C，它的存貨一年週轉超過三十次，也就是握有存貨的時間大概只比十天多一點。相反地，公司B的存貨一年只週轉四次，換算下來存貨留在公司內的時間將近一百天！

應收帳款收帳期

$$365 \div \dfrac{銷貨收入}{應收帳款}$$

一間公司賣出存貨之後，需要收款。應收帳款收帳期（receivables collection period）越短，表示公司越快拿到現金。如你所見，公司N看起來非常怪，超過二十年才跟客戶收錢！什麼情況下會發生這種事？

你有注意到其他公司的數字有什麼特別之處嗎？其餘幾間公司大概可以分成兩組，一組收錢超快（少於三十天），另一組比較慢。這項差異是個很重要的線索，可以讓你看出公司類別。

遊戲開始

現在你已經比較了解各個數字了，試著摸索看看它們對應的公司吧！先自己試著找答案，會比直接往下讀學到更多。

一開始，先來看看表1-9，表中標示出前文討論到一些值得特別注意的數字。我們不要一口氣辨識十四間公司，先著重在兩個我們可以清楚辨識的子類別：服務業和零售業，之後再來看其他面向。

服務業者

要從比率看出哪幾間公司是服務業者，並不困難。由於這些公司提供的是服務而非實體商品，因此不會有存貨，從這點就可以挑選出公司E、G、M、N。那麼有哪些公司是我們要跟E、G、M、N來做配對的呢？有兩間公司一看就和「服務」有關：一間是包裹遞送服務公司優比速（UPS），另一間是社群網路服務公司臉書（Facebook）。另外兩間呢？銀行與航空業者也屬於服務業，因此另外兩間公司就是西南航空（Southwest Airlines）與花旗集團（Citigroup）。

航空業比較微妙，因為你可能會認為飛機和備用零件是存貨，但航空業的主要業務並不包含販售飛機或零件，而是運輸乘客。運輸很明顯是一種服務，與存貨毫無關係。

讓我們來試著將表1-10中的各欄數字與公司對在一起。先從簡單的開始。

公司N：異常者

哪一間公司的應收帳款收帳期特別長，又有一大部分資金來自應付票據？哪一間公司可能平均要二十年才會跟客戶收款？

答案是銀行。銀行很難引起共鳴，因為它們的資產負債表跟我們自己的資產負債表是鏡像關係。貸款對你而言是負債，對銀行來說卻是資產。因此，之前提到的買房案例中，那筆貸款對銀行而言會是資產。相形之下，你視為資產的存款是銀行的負債：應付票據。花旗集團是這十四間企業當中槓桿程度最高的，那也是整體銀行業的常態。

如何經營一間銀行？銀行做的是「利差」（spread）生意，你把錢存在銀行的利息低於向銀行

表 1-9 匿名產業連連看

資產負債表百分比	A	B	C	D	E	F	G	H	I	J	K	L	M	N
資產														
現金與有價證券	35	4	27	25	20	54	64	9	5	16	4	2	16	7
應收帳款	10	4	21	7	16	12	5	3	4	26	6	2	2	83
存貨	19	38	3	4	0	1	0	3	21	17	21	3	0	0
其他流動資產	1	9	8	5	4	4	6	6	2	4	1	2	5	0
廠房及設備（淨值）	22	16	4	8	46	7	16	47	60	32	36	60	69	0
其他資產	13	29	37	52	14	22	10	32	7	5	32	31	9	10
總資產*	**100**	**100**	**100**	**100**	**100**	**100**	**100**	**100**	**100**	**100**	**100**	**100**	**100**	**100**
負債與股東權益														
應付票據	0	0	8	3	5	2	0	0	11	0	4	4	1	50
應付帳款	41	22	24	2	6	3	2	8	18	12	13	2	6	21
應計科目	17	15	8	1	5	3	3	9	4	5	5	1	6	0
其他流動負債	0	9	9	9	6	18	2	7	11	10	4	2	12	3
長期負債	9	2	11	17	29	9	10	33	25	39	12	32	16	13
其他負債	7	17	17	24	38	9	5	18	13	10	7	23	22	4
特別股	0	15	0	0	0	0	0	0	0	0	0	0	0	0
股東權益	25	19	23	44	12	55	78	25	17	24	54	36	38	10
總負債與股東權益*	**100**	**100**	**100**	**100**	**100**	**100**	**100**	**100**	**100**	**100**	**100**	**100**	**100**	**100**
財務比率														
流動資產／流動負債	1.12	1.19	1.19	2.64	1.86	2.71	10.71	0.87	0.72	2.28	1.23	1.01	0.91	1.36
現券、有價證券、應收帳款／流動負債	0.78	0.18	0.97	2.07	1.67	2.53	9.83	0.49	0.20	1.53	0.40	0.45	0.71	1.23
存貨週轉率	7.6	3.7	32.4	1.6	NA	10.4	NA	31.5	14.9	5.5	7.3	2.3	NA	NA
應收帳款收帳期（天）	20	8	63	77	41	82	52	8	4	64	11	51	7	8,047
總負債／總資產	0.09	0.02	0.19	0.20	0.33	0.11	0.10	0.33	0.36	0.39	0.16	0.36	0.17	0.63
長期負債／總資本	0.27	0.06	0.33	0.28	0.70	0.14	0.11	0.57	0.59	0.62	0.18	0.47	0.29	0.56
營收／總資產	1.877	1.832	1.198	0.317	1.393	0.547	0.337	1.513	3.925	1.502	2.141	0.172	0.919	0.038
淨利／營收	-0.001	-0.023	0.042	0.247	0.015	0.281	0.010	0.117	0.015	0.061	0.030	0.090	0.025	0.107
淨利／總資產	-0.001	-0.042	0.050	0.078	0.021	0.153	0.004	0.177	0.061	0.091	0.064	0.016	0.023	0.004
總資產／股東權益	3.97	2.90	4.44	2.27	8.21	1.80	1.28	4.00	5.85	4.23	1.83	2.77	2.66	9.76
淨利／股東權益	-0.005	-0.122	0.222	0.178	0.171	0.277	0.005	0.709	0.355	0.384	0.117	0.043	0.060	0.039
EBIT／利息費用	7.35	-6.21	11.16	12.26	3.42	63.06	10.55	13.57	5.98	8.05	35.71	2.52	4.24	NA
EBITDA／營收	0.05	0.00	0.07	0.45	0.06	0.40	0.23	0.22	0.05	0.15	0.06	0.28	0.09	0.15

*各欄總和經捨入後為100。

資料來源：Mihir A. Desai, William E. Fruhan, and Elizabeth A. Meyer, "The Case of the Unidentified Industries, 2013," Case 214-028 (Boston: Harvard Business School, 2013).

表1-10　辨識出服務業者

資產負債表百分比	E	G	M	N
資產				
現金與有價證券	20	64	16	7
應收帳款	16	5	2	83
存貨	0	0	0	0
其他流動資產	4	6	5	0
廠房及設備（淨值）	46	16	69	0
其他資產	14	10	9	10
總資產*	**100**	**100**	**100**	**100**
負債與股東權益				
應付票據	5	0	1	50
應付帳款	6	2	6	21
應計科目	5	3	6	0
其他流動負債	6	2	12	3
長期負債	29	10	16	13
其他負債	38	5	22	4
特別股	0	0	0	0
股東權益	12	78	38	10
總負債與股東權益*	**100**	**100**	**100**	**100**
財務比率				
流動資產／流動負債	1.86	10.71	0.91	1.36
現金、有價證券、應收帳款／流動負債	1.67	9.83	0.71	1.23
存貨週轉率	NA	NA	NA	NA
應收帳款收帳期（天）	41	52	7	8,047
總負債／總資產	0.33	0.10	0.17	0.63
長期負債／總資本	0.70	0.11	0.29	0.56
營收／總資產	1.393	0.337	0.919	0.038
淨利／營收	0.015	0.010	0.025	0.107
淨利／總資產	0.021	0.004	0.023	0.004
總資產／股東權益	8.21	1.28	2.66	9.76
淨利／股東權益	0.171	0.005	0.060	0.039
EBIT／利息費用	3.42	10.55	4.24	NA
EBITDA／營收	0.06	0.23	0.09	0.15

* 各欄數字總和經捨入後為100。

貸款的利息，而銀行就是靠這樣獲利。在過程中，銀行會把你的短期資本（存款）轉換成經濟體中的長期資本（貸款），這種長短期資本的轉換，就是為什麼我們如此重視銀行，也是偶爾會發生銀行倒閉的原因。銀行的資產與負債不相符，槓桿度又高，因此容錯度低。幾乎每一次金融危機的爆點都是外界對銀行資產品質有所懷疑，進而引發存款外流，這時候銀行必須快速貸款出去，才有辦法獲得利息收入以填補外流的存款，但為了趕快找到人貸款，銀行得降低貸款價格，最終就陷入無法控制的循環，最糟的情況可能會毀掉一間銀行。

資本密集的服務業者

我們該如何辨別其餘三家公司？公司 E 和 M 的不動產、廠房及設備項目金額比其他公司高，也高過公司 G。西南航空與優比速基本上都是運輸公司，兩者都擁有飛機與大量設備。再看一下這兩間公司的數字，想想它們在其他方面有什麼不同。（請見表 1-10 中，公司 E 和 M 的數字。）

這兩間公司其中一個顯著差異，就是公司 M 平均七天就會收到款項，代表它的銷售對象主要是個人。相反地，公司 E 收款的天期長多了，意味著它以企業為服務對象的機會高得多。西南航空的客人就像你和我一樣，會立即付款。優比速則會提供其他企業物流服務，因此公司 E 應該是優比速，公司 M 則是西南航空。你可以找到其他佐證這項假設的數字嗎？

公司 E 的「其他負債」項目很高，優比速欠的那些長天期負債是什麼？那些負債就是要支付給退休員工的退休金與公司需要承擔的相關義務。要想到這一點，你得對各家公司都有所認識。優比速的「確定給付」（defined benefit, DB）年金計畫規模在世界上數一數二。廉航會盡量避免承擔這種類型的退休金計畫，但像優比速這樣曾屬員工所有的老牌企業，至今

仍沿用傳統退休金制度。

現金多、仰賴股東權益的公司

用消去法可以看出公司 G 是臉書。但這個結果有符合你的預期嗎？公司 G 的股東權益和現金部位都非常高，是否符合臉書的特質？臉書是清單上最年輕的一間公司，直到 2013 年才上市。由於一間公司的價值只有在上市或併購時，才會記錄到資產負債表上（還記得穩健原則嗎？），因此，擁有較高股東權益的公司的確有可能是一家年輕的公司。臉書籌到資金以後，怎麼處理？當時它選擇以現金形式保留。

隨著臉書越來越成熟，資產負債表也出現變化。上市之後，臉書完成多次大型收購，包括收購 WhatsApp 和 Instagram。那些收購案會如何具體呈現在資產負債表上？臉書的現金水位下降，前文中提到的「其他資產」增加。由於臉書收購其他公司時，付出的金額遠高於帳面價值（因為臉書重視那些企業在會計上被忽略的無形資產），資產負債表上的商譽項目也提高了。臉書在 2014 年砸 190 億美元買下 WhatsApp，當時 WhatsApp 的帳面價值才 5,100 萬美元而已。兩者間的差額就被列入臉書資產負債表上的

商譽科目。

零售業者

　　在檢視應收帳款收帳期的時候，我們提過公司可以分成很快收款和很慢收款兩種，哪些公司會比較快向客戶收錢？因為零售業者直接面對消費者，而消費者都是立刻付現或刷卡，因此應收帳款收帳期會比較短。相反地，面對企業客戶的公司至少會給對方三十天的付款期。

　　從這點可以看出公司 A、B、H、I、K 是零售業者。十四間公司中，有哪幾間是直接賣東西給消費者的零售業者？亞馬遜、邦諾書店（Barnes & Noble）、克羅格（Kroger）、沃爾格林（Walgreens）、百勝餐飲（Yum!）都是零售商。在此剔除諾德斯特龍（Nordstrom），因為該連鎖百貨有出簽帳卡，所以顧客可以較晚付款，和其他公司的顧客不同。簽帳卡的設計讓諾德斯特龍的行為比較接近銀行而非零售商。

　　要如何辨別這五家零售業者？如果你曾經在零售店工作，就知道一切重點都在存貨流動。這五間公司在存貨的週轉方式上，有很大的差別。有些存貨週轉很快（公司 H），其他就很慢（像公司 B）（請見表 1-11）。

存貨週轉率突出的公司

　　這個群體中，有哪間公司移動存貨的速度很快？公司 H 每一年存貨要週轉三十二次，任何時候都只持有十一天的存貨。你應該會希望它是百勝餐飲，實際上也確實是它。連鎖雜貨業者克羅格也有易腐物品，但由於它們同時販售很多乾燥食品和罐頭食品，所以存貨週轉的速度會比餐飲連鎖店慢很多。

　　另外一個極端是：公司 B 的存貨週轉非常慢，將近九十天才週轉一次。哪一間公司的存貨可以放比較久又要比較長時間消化？如果你曾經去過書店，應該就會覺得這場景很熟悉。但還有什麼其他數據可以佐證公司 B 是書店嗎？

　　公司 B 突出的點還有一個，就是它在虧錢。全世界的書店都在式微，亞馬遜崛起之後，賣書變成艱困的行業。這個現象會反映在書店的負淨利率上。公司 B 同時也是唯一一間被迫發行特別股的公司，再度顯示它面臨財務困難。

表1-11	辨識出零售業者				
資產負債表百分比	**A**	**B**	**H**	**I**	**K**
資產					
現金與有價證券	35	4	9	5	4
應收帳款	10	4	3	4	6
存貨	19	38	3	21	21
其他流動資產	1	9	6	2	1
廠房及設備（淨值）	22	16	47	60	36
其他資產	13	29	32	7	32
總資產*	**100**	**100**	**100**	**100**	**100**
負債與股東權益					
應付票據	0	0	0	11	4
應付帳款	41	22	8	18	13
應計科目	17	15	9	4	5
其他流動負債	0	9	7	11	4
長期負債	9	2	33	25	12
其他負債	7	17	18	13	7
特別股	0	15	0	0	0
股東權益	25	19	25	17	54
總負債與股東權益*	**100**	**100**	**100**	**100**	**100**
財務比率					
流動資產／流動負債	1.12	1.19	0.87	0.72	1.23
現金、有價證券、應收帳款 ／流動負債	0.78	0.18	0.49	0.20	0.40
存貨週轉率	7.6	3.7	31.5	14.9	7.3
應收帳款收帳期（天）	20	8	8	4	11
總負債／總資產	0.09	0.02	0.33	0.36	0.16
長期負債／總資本	0.27	0.06	0.57	0.59	0.18
營收／總資產	1.877	1.832	1.513	3.925	2.141
淨利／營收	-0.001	-0.023	0.117	0.015	0.030
淨利／總資產	-0.001	-0.042	0.177	0.061	0.064
總資產／股東權益	3.97	2.90	4.00	5.85	1.83
淨利／股東權益	-0.005	-0.122	0.709	0.355	0.117
EBIT／利息費用	7.35	-6.21	13.57	5.98	35.71
EBITDA／營收	0.05	0.00	0.22	0.05	0.06

* 各欄數字總和經捨入後為100。

最後三間零售業者

　　剩下三家公司：A、I和K，在不動產、廠房及設備項目相去甚遠，公司A的比例最低。我們知道三家公司中有兩家是以實體店面（沃爾格林和克羅格）經營，因此網路商城亞馬遜的不動產、廠房及設備項目會最低，可能就是公司A。

　　考量到亞馬遜在當代經濟體中的地位，讓我們再來找其他證據。公司A還有哪些特色，會讓我們認定它就是亞馬遜？首先，公司A沒有在賺錢。如果你有在關注亞馬遜的動態，就知道它以沒賺錢而出名。我們到第二章會多談論一點亞馬遜的事情。

　　第二個可以佐證的數據是公司A的應付帳款金

額非常高，這可能代表它面臨財務困難，或是因為規模大，可以輕鬆向供應商賒帳。從公司 A 滿手現金的狀況來看，財務顯然不是問題。在市場占據重要地位，又有能力與供應方幹旋，公司 A 看起來很可能就是亞馬遜了。

剩下一間是零售連鎖藥局，一間是雜貨店的 I 跟 K 兩間公司。

兩間公司有一個很大的差別，就是公司 I 的不動產、廠房及設備項目占比遠超過公司 K。回想一下你上次走進藥局或雜貨店的光景，哪一間設備較多？雜貨業者需要管理成本高昂的冷鏈，因此設備較多的公司 I 應該是雜貨店。讓我們再找更多線索確認。

公司 I 收帳時間比公司 K 快，再次顯示它應該是雜貨店，因為雜貨店的客人比較可能立即付款。藥局有一大筆收入可能來自保險公司，這意味著藥局有點像對企業客戶銷售的（B2B）公司。同時，公司 I 的存貨週轉也比較迅速，符合雜貨業者的特色。因此，我們可以得出結論：公司 K 是藥局沃爾格林，公司 I 是雜貨業者克羅格。

剩下幾家零散的公司

看完零售業和服務業者之後，我們剩下一群難以一概而論的公司：微軟、諾德斯特龍、杜克能源（Duke Energy）、輝瑞、戴爾，列入表 1-12 中。

其中三間公司 C、D、F 幾乎沒有不動產、廠房及設備，另外兩間則是不動產、廠房及設備超高。其中一間應該是杜克能源，因為該公司擁有電廠，另一間則可能是實體零售商諾德斯特龍。問題是哪一間是哪一間？

讓我們再確認一次，看看剩下三間公司，並衡量他們的不動產、廠房及設備。戴爾、輝瑞、微軟都不需要大量製造，因此不動產、廠房及設備較低很合理。

那麼兩間不動產、廠房及設備較高的公司中，哪一間是杜克能源？哪一間是諾德斯特龍呢？關鍵在存貨差異。諾德斯特龍存貨很多，杜克能源則很少（電力無法儲存），因此公司 L 是杜克能源，公司 J 是零售業者諾德斯特龍。此外，公司 L 的 EBITDA 利潤率（EBITDA margin）很高，代表它的折舊和攤銷費用高，這也是公用事業的特色。在公用事業產業

資產負債表百分比	C	D	F	J	L
表1-12	**辨識出剩下幾家零散的公司**				

資產負債表百分比	C	D	F	J	L
資產					
現金與有價證券	27	25	54	16	2
應收帳款	21	7	12	26	2
存貨	3	4	1	17	3
其他流動資產	8	5	4	4	2
廠房及設備（淨值）	4	8	7	32	60
其他資產	37	52	22	5	31
總資產*	**100**	**100**	**100**	**100**	**100**
負債與股東權益					
應付票據	8	3	2	0	4
應付帳款	24	2	3	12	2
應計科目	8	1	3	5	1
其他流動負債	9	9	18	10	2
長期負債	11	17	9	39	32
其他負債	17	24	9	10	23
特別股	0	0	0	0	0
股東權益	23	44	55	24	36
總負債與股東權益*	**100**	**100**	**100**	**100**	**100**
財務比率					
流動資產／流動負債	1.19	2.64	2.71	2.28	1.01
現金、有價證券、應收帳款／流動負債	0.97	2.07	2.53	1.53	0.45
存貨週轉率	32.4	1.6	10.4	5.5	2.3
應收帳款收帳期（天）	63	77	82	64	51
總負債／總資產	0.19	0.20	0.11	0.39	0.36
長期負債／總資本	0.33	0.28	0.14	0.62	0.47
營收／總資產	1.198	0.317	0.547	1.502	0.172
淨利／營收	0.042	0.247	0.281	0.061	0.090
淨利／總資產	0.050	0.078	0.153	0.091	0.016
總資產／股東權益	4.44	2.27	1.80	4.23	2.77
淨利／股東權益	0.222	0.178	0.277	0.384	0.043
EBIT／利息費用	11.16	12.26	63.06	8.05	2.52
EBITDA／營收	0.07	0.45	0.40	0.15	0.28

* 各欄數字總和經捨入後為100。

中，大家喜歡談 EBITDA 而非獲利能力，因為他們深知折舊與攤銷會嚴重扭曲數據。

另外將戴爾、微軟、輝瑞三間公司相比較，可以注意到公司 C 的利潤率很低，公司 D 和 F 的利潤率很高（超過20％），EBITDA 利潤率也很驚人（超過40％）。剩下三間公司哪一間是還沒完全商品化的產業？過去十到十五年間，筆記型電腦已經完全商品化，因此公司獲利能力會被壓縮。像這樣的商品化情況並沒有發生在軟體業或藥業。

此外，公司 C 的存貨週轉期間只比十天多一點，符合戴爾的即時生產（just-in-time）商業模式。戴爾收到訂單之後，才會開始製造，因此可以盡可能降低庫存量。

辨識最後兩家公司

最後兩家公司看起來很相似，因此最後一步最困難。其中一個重要差異是公司 D 有很多「其他資產」，代表它很可能屬於無形資產密集的產業，而且這個產業正在整合。

如果你有在關注藥業，應該會猜測公司 D 是輝瑞。輝瑞在產業整合的過程中，買下多間公司，包括法瑪西亞（Pharmacia）、惠氏（Wyeth）和赫士睿（Hospira）。因此，公司 D 是輝瑞，公司 F 是微軟。還有一項證據可以幫助我們確認答案，你會發現公司 D 的負債遠高於 F，這項特色也符合公司 D 是輝瑞的推斷，因為輝瑞採用傳統退休金計畫，比輝瑞年輕多了的微軟則是用確定提撥（defined contribution, DC）制度。最後，你可能也知道微軟持有大量現金，這也符合公司 F 的數據。

我們辦到了！這個遊戲很困難，但如果你複習一下這些比率與背後的邏輯，就能扎穩基礎，可以好好讀懂剩下的內容。

最重要的比率

看過所有數字之後，可以指出哪一項是最重要的嗎？哪一項比率是經理人最需要注意的？

這題的答案有爭議，但很多財務分析師會把重點放在股東權益報酬率（ROE），因為這個數字衡量的是公司所有者獲得的報酬，而這些人就是一間公司最終的老闆。由於 ROE 是個被廣泛使用的指標，了解組成 ROE 的項目很重要。杜邦架構（DuPont framework）是杜邦公司（DuPont Corporation）在 20 世紀初期提出的分析方法，用來衡量公司財務體質，提供了一個了解 ROE 組成元素的好方法（請見圖 1-1）。

圖1-1　杜邦分析

杜邦分析用代數方法拆解ROE，分成三個組成項目：獲利能力、生產力與槓桿度。

獲利能力。第一項ROE的重要組成是看公司多賺錢，這就回歸到淨利率的概念。公司每得到一塊錢營收，會得到多少淨利？

生產力。會賺錢很重要，但生產力也可以提振ROE。我們用資產週轉率來看公司的生產力，因為這個數值可以看出公司用資產產生銷貨收入的效率。

槓桿度。如我們所見，槓桿可以加大報酬，也是ROE重要的組成。在杜邦分析中，我們用公司資產除以股東權益，作為衡量槓桿度的指標。

這個簡單的方程式讓你可以看出高ROE的源頭。就像其他指標一樣，ROE並不完美，有兩個問題特別突出。第一，因為槓桿的作用也被納入在內，ROE不是單純看公司的營運表現，這是為什麼有些人比較喜歡看資本報酬率（return on capital, ROC），也就是用EBIT和公司資本（債務加權益）做比較。第二，我們之後就會看到ROE未必和公司

表1-13	杜邦分析

十間不同公司的 ROE 及各項 ROE 組成元素，1998 年

	股東權益報酬率（%）	=	淨利率（%）	×	資產週轉率（次數）	×	財務槓桿度（倍數）
美國銀行		=		×		×	
卡羅萊納電力與照明		=		×		×	
艾克森美孚（Exxon Corporation）		=		×		×	
食獅		=		×		×	
哈雷機車（Harley-Davidson, Inc.）		=		×		×	
英特爾		=		×		×	
Nike		=		×		×	
西南航空		=		×		×	
Tiffany & Co.		=		×		×	
天柏嵐		=		×		×	

創造現金的能力相符。

實作杜邦分析

讓我們來試驗一下新學到的財務觀念。看看以下十家非常不同的公司，決定 ROE 高低的因子有什麼不同（請見表 1-13）。看到這十家公司時，我們要試著回答兩個問題：第一，杜邦分析中，四大項有哪一個項目每家看起來差不多？是 ROE、獲利能力、

生產力還是槓桿度？第二，方程式中各項目，哪一家公司會最高？哪一家最低？

面對第一個問題，我們要來想想為什麼這些數字會不同，以及有什麼因素會同時影響所有公司的數值。第二個問題，則要試著思考杜邦分析的方程式中，各項目背後的概念。

第一個問題的答案是 ROE。表 1-14 中的 ROE 數值範圍，比其他三個欄位的數值範圍小得多（比較最大和最小值即可看出）。為什麼 ROE 會是各家公司

| 表1-14 | 杜邦分析 |

十間不同公司的 ROE 及各項 ROE 組成元素，1998 年

	股東權益報酬率（%）	=	淨利率（%）	×	資產週轉率（次數）	×	財務槓桿度（倍數）
美國銀行	11.2	=	10.8	×	0.1	×	13.5
卡羅萊納電力與照明	13.5	=	12.8	×	0.4	×	2.8
艾克森美孚（Exxon Corporation）	14.6	=	6.3	×	1.1	×	2.1
食獅	17.0	=	2.7	×	2.8	×	2.3
哈雷機車（Harley-Davidson, Inc.）	20.7	=	9.9	×	1.1	×	1.9
英特爾	26.0	=	23.1	×	0.8	×	1.3
Nike	12.3	=	4.2	×	1.8	×	1.7
西南航空	18.1	=	10.4	×	0.9	×	2.0
Tiffany & Co.	17.4	=	7.7	×	1.1	×	2.0
天柏嵐	22.2	=	6.9	×	1.8	×	1.8

最接近的數值？

雖然這些公司的產品不會相互競爭，但在資本市場（capital markets）上仍是競爭對手。因此，各家公司提供給股東的報酬不能差太多，不然資金就會從報酬低的公司手上轉向報酬高的公司。這就是為什麼 ROE 是差距最小的項目。

ROE 應該完全一樣嗎？不應該，因為報酬跟風險之間有替代關係（第四章會再多加著墨）。如果股東承擔較高風險，就會要求較高報酬。因此各家企業提供的股東報酬一方面會因為企業間在資本市場上競爭而趨近，但另一方面又會因風險而拉開。

讓我們來看各欄位中的高、低值，先從獲利能力開始。食獅（Food Lion）的獲利能力很低，才 2.7%，英特爾就特別高。為什麼？

你可能會認為那是競爭程度造成的差異，但事實是這幾間公司所在的市場都很競爭。事實上，獲利能力衡量的是一間公司增添的價值，並且會因為價值提升的多寡而有所差異。食物零售商真的就沒有增添什麼價值，因此就算是最厲害的食物零售商，利潤也才 4%。另一方面，看看英特爾，它把沙子做成電腦，那是貨真價實的價值添加，而獲利能力會反映背

後加值的過程。

為什麼食獅的資產週轉率最高？經營一間雜貨店會經歷哪些光景？食獅公司並不是賣每一盒麥片都能獲利，重點是在儘快消光庫存再補貨，這就是為什麼對食物零售業者而言，資產週轉率是提高 ROE 最重要的因素。

最後，如同之前提過的，槓桿是重要的財務工具。哪一間公司的槓桿度最高？哪一間最低？銀行最高，但這是整個產業獨有的特色，所以讓我們來看看其他公司。

其餘的公司中，槓桿度最高和最低的分別是哪兩間公司？卡羅萊納電力與照明（Carolina Power & Light）的槓桿度最高，英特爾最低。為什麼？槓桿程度反映一間公司的商業風險，因為如果一家公司的商業風險已經很高了，就不宜再繼續加上財務風險。卡羅萊納電力與照明的需求很穩定，價格也可能規範穩固，因此可以創造穩定的現金流，所以有辦法承擔較高的槓桿度。

相反地，如果是像英特爾這種商業風險極高的公司，就不應該再承擔高槓桿。思考一下英特爾從事什麼樣的事業？每兩年就要推出新的晶片，體積和

成本要是前一代晶片的一半，效能又要提高兩倍。同時，英特爾在全球砸數十億美元蓋新廠，以生產下一代晶片。只要有一代產品出了差錯，英特爾可能就經營不下去了。商業風險高，財務風險就要降低。這是在觀察槓桿度的時候，普遍的規則。

　　目前為止，我們都在看不同產業的比率有什麼不同，但其實財務分析最大的用途是拿一間公司的歷史數據去和所在產業做比較。現在，我們要從杜邦分析的例子中，挑選出一間公司來深入分析，用數字把這間公司的故事說出來。我們選的是天柏嵐（Timberland）。

天柏嵐的顯著改變

　　天柏嵐是一間戶外鞋製造商兼零售業者，鞋子以堅實聞名。天柏嵐在1990年代，經歷很大的財務與結構轉變。讓我們看一下1994年的數字，並與整體產業做比較（請見表1-15）。

　　杜邦分析的組成項目：ROE、獲利能力、生產力、槓桿度，在表中以標楷體標示。試著從這些數字

| 表1-15 | 杜邦分析：以天柏嵐1994年的數字為例 |

天柏嵐比率分析，1994年，以及產業中位數

	1994	**產業中位數***
獲利能力比率（%）		
股東權益報酬率（%）	**11.9**	**12.3**
投資資本報酬率（%）	7.1	9.7
淨利率（%）	2.8	4.2
毛利率（%）	35.0	38.4
週轉率		
資產週轉率	1.3	1.8
存貨週轉率	1.9	2.7
收帳期間（天數）	73.5	39.1
付帳期間（天數）	32.6	36.3
槓桿與流動性比率		
資產權益比	3.2	1.7
資產負債率（%）	68.5	39.6
利息保障倍數	2.9	9.1
流動比率	3.5	3.0

* 樣本包括五間具代表性的鞋業業者：布朗集團（Brown Group）、肯尼斯‧寇爾（Kenneth Cole）、Nike、Stride Rite、沃爾弗林集團（Wolverine World Wide）。

裡找出一些結論，越多越好。想辦法比較天柏嵐和產業整體的數字來拼出一個故事。

首先，天柏嵐狀況如何？如果我是執行長，我就會強調 ROE 是 11.9%，與產業中位數 12.3% 相去不遠，代表我們公司狀況很好。你同意嗎？然而，當我們進行杜邦分析，會發現一套完全不同的故事。是什麼讓 ROE 有這樣的表現？是獲利能力嗎？不是，天柏嵐的獲利能力不如他人。是生產力嗎？也不是，它的生產力也不及整體產業。

天柏嵐的 ROE 主要是被槓桿度推高的。ROE 由槓桿度推動，意味著天柏嵐為了解決營運績效不佳的問題，選擇讓業主承擔更高的風險。

這是 ROE 一個主要問題。雖然 ROE 是個很有意義的數字，槓桿度卻會影響最終的計算結果，這是為什麼有些人會選擇稍微不同的衡量方法，像是資產報酬率和資本報酬率。那些指標會撇除讓人混淆的槓桿影響，顯示出天柏嵐在資金的運用上，不如同業有效率。

資本報酬率也被稱為投資資本報酬率（return on invested capital）或已動用資本報酬率（return on capital employed），是一項特別重要的指標，因為在計算時同時考量資金提供者與他們整體獲得的報酬。他們整體獲得的報酬是什麼？資金提供者的總報酬就是稅後的總營業收入（或 EBIT），即稅後息前盈餘（EBIAT）。

$$資本報酬率 = \frac{EBIAT}{債務 + 權益}$$

其他數字也提醒我們天柏嵐的表現並不好。看一下利息保障倍數，可以看出公司用營業利益可以支付幾倍的利息。天柏嵐的數值小於三，產業整體則接近十。這代表什麼？代表公司在走競爭者規避的財務鋼索。

再來看一下天柏嵐的營運狀況。存貨週轉率遠低於同業。此外，應收帳款的收帳天期與其他人相比，數字爆表（73.5 對比 39.1）。收帳期會這麼長，有幾個可能的原因。一個是管理不佳，不夠積極催收帳款；另一個是為了刺激銷售，提供信用額度時不夠謹慎。更恐怖的是，天柏嵐可能有客戶背負存在超過二百天的債務，幾乎不可能還了。這可能是隱藏壞帳的警訊。天柏嵐的應付帳款付帳期（payable period）則和其他人差不多。

一年後的數字

讓我們來看天柏嵐 1995 年的數字（請見表 1-16）。

從杜邦分析來看，ROE 是負值，因為獲利能力的項目是負的，生產力稍微提高，槓桿度略降。

進一步看，槓桿度說明了什麼？利息保障倍數從三降到一以下，代表天柏嵐的營業利益不足以支付利息。天柏嵐已經到了危急存亡之秋，該怎麼做才能脫離險境？天柏嵐需要籌措更多現金，從數字看來，它也確實這麼做了。

首先，存貨週轉率大幅提升，但毛利率（gross margin）大幅下降。這項轉變顯示天柏嵐可能採取了賤賣資產性質的作為。公司盡可能將產品變現，以籌措資金來支付利息。同時，可以發現應收帳款的收帳期降到二十天，這並非偶然。另一個籌措現金的方法就是聯絡欠錢的客戶，並請他們還錢，假設欠 1 美元，只要還 0.80 美元即可。簡單來說，就是公司很需要錢，而且因為亟需現金來還利息，願意做出一些讓步。

除了存貨與應收帳款之外，營運資金（working

表1-16　杜邦分析：以天柏嵐 1994 至 1995 年的數字為例

天柏嵐比率分析，1994 至 1995 年，以及產業中位數，1998 年

	1994	1995	產業中位數*
獲利能力比率（％）			
股東權益報酬率（％）	11.9	-8.2	12.3
投資資本報酬率（％）	7.1	0.7	9.7
淨利率（％）	2.8	-1.8	4.2
毛利率（％）	35.0	33.7	38.4
週轉率			
資產週轉率	1.3	1.6	1.8
存貨週轉率	1.9	2.4	2.7
收帳期間（天數）	73.5	53.4	39.1
付帳期間（天數）	32.6	21.2	36.3
槓桿與流動性比率			
資產權益比	3.2	3.0	1.7
資產負債率（％）	68.5	66.2	39.6
利息保障倍數	2.9	0.2	9.1
流動比率	3.5	4.8	3.0

* 樣本包括五間具代表性的鞋業業者：布朗集團、肯尼斯·寇爾、Nike、Stride Rite、沃爾弗林集團。

capital）還有最後一塊：應付帳款。天柏嵐的應付帳款狀況在前一年還不錯。現在，天柏嵐付錢給供應商的速度變快了，以一間缺現金的企業來說，這種做法很怪。不過，付帳期間縮短應該是供應商要求的。供應商看到天柏嵐的財務狀況後，不太可能再接受天柏嵐賒帳，相反地，會要求貨到付現。營運資金對現金的影響是第二章的重點之一。

1994 至 1998 年的數字

現在來看看接下來幾年的數字（請見表1-17）。看起來狀況穩定下來了，而且明顯好轉。

1996年，天柏嵐的獲利能力還是略低於產業平均，但生產力提升了，槓桿度也下滑。天柏嵐的存貨週轉速度變快，而且並不是靠砍價才成功賣出去，從毛利率就可以看出，天柏嵐在加快銷售速度的同時，議價能力也在提升。

1997年，數字更亮眼了。第一列的數字就很驚人，ROE 接近產業均值的兩倍，而且提升在該提升的地方。存貨週轉率幾乎是1994年的兩倍，毛利率

表1-17　杜邦分析：以天柏嵐1994至1998年的數字為例

天柏嵐比率分析，1994 至 1998 年，以及產業中位數，1998 年

	1994	1995	1996	1997	1998	產業中位數*
獲利能力比率（%）						
股東權益報酬率（%）	11.9	-8.2	12.3	22.1	22.2	12.3
投資資本報酬率（%）	7.1	0.7	9.6	18.3	17.9	9.7
淨利率（%）	2.8	-1.8	3.0	5.9	6.9	4.2
毛利率（%）	35.0	33.7	39.4	41.7	41.9	38.4
週轉率						
資產週轉率	1.3	1.6	1.5	1.9	1.8	1.8
存貨週轉率	1.9	2.4	2.6	3.3	3.8	2.7
收帳期間（天數）	73.5	53.4	53.2	34.7	33.4	39.1
付帳期間（天數）	32.6	21.2	18.6	16.0	18.9	36.3
槓桿與流動性比率						
資產權益比	3.2	3.0	2.7	2.0	1.8	1.7
資產負債率（%）	68.5	66.2	63.2	48.8	43.3	39.6
利息保障倍數	2.9	0.2	2.5	5.6	10.2	9.1
流動比率	3.5	4.8	3.7	3.5	4.0	3.0

* 樣本包括五間具代表性的鞋業業者：布朗集團肯尼斯·寇爾、Nike、Stride Rite、沃爾弗林集團。

則反映出產品售價正在上升。

這股上行的趨勢持續到 1998 年。天柏嵐持續締造業界兩倍的高 ROE，而且這時候的突出 ROE 表現背後完全以正確的方式支撐。1998 年的天柏嵐享有高 ROE 不是靠提高槓桿度或生產力，而是靠獲利能力。到底發生了什麼事？天柏嵐在鬼門關前走一遭的經驗，讓它脫離家族企業的經營模式，改由專業經理人負責管理。同時，天柏嵐成為嘻哈樂手愛用品牌，讓財務表現起死回生，交出亮眼成績。

你從這個練習中學到了什麼？現在，你可以運用財務比率和數字來敘述任何一間公司的歷史。你可以扮演偵探，提出一套推理讓這些數字都變得合理。只要是上市公司，都會公開上列數字，而且可以輕易取得。我很鼓勵大家用我們剛剛學到的分析方法，來分析你最有興趣的公司。

真實世界觀點

海尼根財務長德布羅克斯分享觀點，指出學習財務的同學們可以做哪件最重要的事：

如果問二十年前的我，要成功立足財務的世界最重要的是什麼，我可能會說，你要努力、要超級專業，還要很有衝勁。那幾點確實可以讓你走到某個程度，但到了那個程度之後就失效了。努力一定沒錯，但現在的我會說，最重要的兩件事情應該是毅力和好奇心。毅力是關鍵，因為你不能把第一個答案當成最後的答案，財務就是要一直向下挖掘，想辦法找到數字背後的故事，弄清楚各種假設。數字到底對不對？如果不對，為什麼不對？數字反映現實，還是扭曲現實？如果你把數字當成數字，那就很枯燥，但如果你試著去了解數字背後的實際狀況，那就有趣了。如果你對他人做的事情有興趣且好奇，那些人也會對你想提出的觀點感興趣。

小測驗

1. 提高槓桿度可以讓公司掌控更多資產，並提升股東權益報酬率（ROE）。槓桿操作有什麼不好？

   A. 槓桿會降低生產力，進而拉低整體 ROE
   B. 槓桿創造的獲利不是以現金為本的獲利，因此在財務上忽略不計
   C. 槓桿也會讓損失加倍，因而增加公司風險
   D. 槓桿操作沒有壞處，用其他人的錢是提升公司價值的好方法

2. 哪一種公司的槓桿度高？

   A. 在新興產業中、成長機會高的公司
   B. 屬於穩定、可預測的產業，並且現金流穩定的公司
   C. 科技公司
   D. 獲利能力差的公司

3. 2009 年，巴菲特投資陶氏化學（Dow Chemical）發行的特別股共 30 億美元。下列哪一項不是股東因持有特別股而獲得的優勢？

   A. 公司倒閉時，特別股股東較普通股股東優先獲償

   B. 就算普通股股東沒拿到股息，特別股股東還是有可能獲得股息
   C. 特別股與公司所有權有關，這點和債務不同
   D. 特別股的股息必須是偶數（例如：2%、4% 等）

4. 下列哪一項最不可能被列在資產負債表的資產項目？

   A. 吉利德科學（Gilead Sciences, Inc.）自行研發的高利潤 C 型肝炎療程專利
   B. Google 總部
   C. 經銷商向福特汽車（Ford Motor Company）購買汽車而欠下的款項
   D. 臉書 2017 年年底銀行帳戶中的 420 億美元

5. 下列哪一間公司存貨週轉率可能最高？

   A. 速食業者：Subway
   B. 連鎖書店：百萬本書（Books-A-Million）
   C. 雜貨店：全食超市（Whole Foods）
   D. 航空公司：英國航空（British Airways）

6. 零售業者的特色會體現在下列哪一項比率？

   A. 高 ROE

B. 低應收帳款收帳期

C. 高存貨週轉率

D. 總債務／總資產比率高

7. 必和必拓（BHP Billiton）是世界上最大的礦業公司之一，總資產中有 21% 是應收帳款（2016 年的數字）。下列公司中，哪一間最可能欠必和必拓的錢，且這筆帳被列在必和必拓的應收帳款中？

A. 全球銀行：美國銀行（Bank of America）

B. 專門為礦業徵人的公司：礦業招募機構（Mining Recruitment Agency）

C. 食品經銷商：西斯科（Sysco）

D. 鋼鐵製造商：美國鋼鐵公司（United States Steel Corporation）

8. 下列何者最在乎公司的流動比率？

A. 股東

B. 供應商

C. 競爭者

D. 顧客

9. 是非題：ROE 高一定是件好事。

A. 是

B. 否

10. 美國家庭用品供應商家德寶（Home Depot），2016 年年底舉債 20 億美元。債務和其他負債（如：應付帳款）的主要差別是什麼？

A. 債務會有相應的明確利率

B. 債務代表公司所有權

C. 債務代表剩餘請求權（residual claim）

D. 債務的債主一定是供應商

章節總結

我希望你透過本章了解到，財務分析遠超過數字。數字只是工具，幫助我們了解公司表現的影響因子，並且可以跨時期、跨公司、跨產業做比較。每一個數字都有它的用途，但沒有任何一個數字可以講完整個故事。實際上，各個數字都有其限制，唯有把所有數字放在一起，拼湊出一個故事，我們才能真正了解一間公司。隨著你花更多時間在財務分析上，整個過程會越來越簡單，你的收穫也會更多。最好可以引導其他人練習匿名產業連連看的遊戲，藉此測試你是否完全讀懂內容。

我希望你感受到自己為財金素養打下了堅實的基礎，大部分都很直覺，也都是看數字說故事。接下來，我們要更仔細思考現金的意義，以及為什麼未來比過去、現在更重要。如果可以，請試著用本章提到的工具檢視你的公司，或是其他公司的財務狀況。

第二章

財務觀點

為什麼財金領域如此重視現金與未來？

會計報表對於了解公司績效而言非常重要，但仍有缺點。為了規避那些缺陷，財務圈發展出一套獨特的決策與績效分析方法。

這套方法有兩大重點。首先，衡量經濟報酬的最佳做法是什麼？這是財務金融從業人員長久以來不斷挑戰的問題。會計把重點放在淨利，但財金專家認為淨利忽略了好幾項重要因子，因此有其缺陷，為了解決這個問題，應該要用現金來衡量經濟報酬。實際上，財務人員有時候簡直可說是為現金瘋狂。

現金可以代指很多東西，因此我們在這章會研究一下現金的三種定義：稅前息錢折舊攤銷前盈餘（EBITDA）、營業現金流（operating cash flow）與

財務 vs. 會計：穩健原則與應計會計

財金界的人非常不認同會計的兩大基礎：穩健原則和應計會計（accrual accounting）。

穩健原則

穩健原則隱含的意思是，公司記錄資產價值時，應該記錄較低的估值，同理，負債必須要高估。簡言之，會計的紀錄會因為過度保守而失真。因為穩健原則的關係，資產負債表往往以歷史成本記錄資產金額，而非現值或重置價值，還有很多資產根本不會列在表上。舉例而言，2016 年，蘋果的資產負債表上，品牌價值是 0 美元，但《富比世》（Forbes）認為這個四十年的品牌值 1,541 億美元。你覺得哪一個數字比較接近事實？

應計會計原則

應計會計原則為了要更真實反映實際經濟狀況，而試圖同時讓營收與成本平穩化。舉例來說，按照這項原則，公司要把投資資本化，轉換成資產，並且在資產的使用期限內，每一年進行折舊，提列費用。以歐洲航太與國防製造商空中巴士集團（Airbus Group）為例，空中巴士在阿拉巴馬州（Alabama）的莫比爾市（Mobile）建新廠，成本 6 億美元。依據應計會計準則，空中巴士會有一段時間的獲利較為平淡，所以不會在 2015 年一口氣認列損失，而是等新廠開始運轉後才認列獲利。但這裡的獲利數字與實際現金流完全不同，使得金錢的時間價值變得混亂，也讓管理者有操作空間，相形之下，用現金來看就沒有這種問題。

自由現金流（free cash flow）。我們之後就會談到，為什麼自由現金流對於投資與評價（valuation）決策而言如此重要，又為什麼它在財金領域中代表純淨的最高境界。

第二，財金領域非常重視未來，基本上都是向前看。因此，讓我們放下資產負債表，來回答幾個財務上的大哉問：資產值多少錢？價值來源為何？如何衡量未來現金流創造的價值？當重點擺在未來上，我們就必須去思考金錢的時間價值（time value of money），以及如何將未來現金流轉換為現在價值，這都是我們在進行任何投資或評價決策時，必須思考的基礎面向。

真實世界觀點 ────────

海尼根財務長德布羅克斯評論現金的重要性：

我一直記得一句話：營收是虛榮，成果是理智，現金為王。只強調營收的成長可能很荒謬又危險，只看獲利增幅也很危險。現金才是最重要的。關鍵在於你有沒有能力將業務轉換成現金，拿來支應營運活動、還債或分配給股東。

談論現金時，我們會談些什麼？

在第一章，我們用淨利來衡量公司表現。雖然淨利有它的優點，在判斷股東獲益的情況時，確實是非常有用的指標，但仍存在一些問題。第一，計算淨利時，並不會區別現金與非現金費用。第二，淨利扣除了利息支出，因此就算某幾間公司的營運內容很相似，只要籌資方式不同就很難相互比較。

最後、也是最重要的一點是，淨利的計算過程牽涉許多管理上的決策。會計要求管理者要做出能夠平穩化報酬的決策，因為會計師認為那比較接近現實。例如：購入某個設備的頭期款要資本化，先放進資產負債表，之後再隨時間進行折舊。營收也可能要分期認列。但這種讓績效表現看起來較平穩的過程很主觀，管理者因此有空間為了自身利益操縱獲利數字。相反地，現金就是現金，管理層能操縱的空間有限。

為了建立衡量經濟報酬的另一種基礎，我們不看淨利，要看現金流。然而，當我們說「現金」的時候，指的是什麼？答案是惱人的「看狀況」。我們先從第一章結尾的 EBIT 和 EBITDA 談起，再

來計算營業現金流，最後再看財務的最高境界：自由現金流。

EBIT 公式

EBIT ＝ 淨利＋利息＋稅負

如我們所見，EBIT（或營業利益）較淨利更能清楚展現一間公司的效率與獲利能力，因為 EBIT 沒有從淨利中再減去利息與稅負這兩項與營運績效無關的項目。然而，EBIT 仍然不是一個能夠充分衡量現金流量的指標，因為 EBIT 已經是扣除了折舊與攤銷等非現金費用後得到的數字。為了掌握更完整的情況，財務人員選擇看 EBITDA：稅前息前折舊攤銷前盈餘。

EBITDA 公式

EBITDA ＝ 淨利＋利息＋稅負＋折舊與攤銷

亞馬遜的淨利、EBIT 和 EBITDA

亞馬遜就是用這三種指標來看，結果截然不同的絕佳案例（請見表 2-1）。

2014 年，亞馬遜的淨利是－2.41 億美元，但是 EBIT 是 1.78 億美元。兩者之間相差的 4.19 億美元代表的是稅負、利息和匯差。那麼 EBITDA 呢？因為亞馬遜的折舊和攤銷費用高達 47.46 億美元，當年度的 EBITDA 是 49.24 億美元，和虧損 2.41 億美元相去甚遠。也就是說，用 EBITDA 來看，亞馬遜其實賺進

表 2-1　亞馬遜損益表，2014 年	
銷貨收入	$88,988
銷貨成本（包括折舊費用 4,746 美元）	-62,752
毛利	**$26,236**
營業費用	-26,058
營業收入（EBIT）	**$178**
利息費用	-289
所得稅費用	-167
營業外收入	37
淨利（損）	**-$241**

（單位：百萬美元）

了大量現金，但如果用獲利能力的指標來看，就是
虧損。

從 EBITDA 到營業現金流

　　既然大家這麼重視現金，有一張獨立的財務報
表專門記錄現金流也不讓人意外，那張表就是現金
流量表（statement of cash flows）。許多財務專家認
為，現金流量表是一間公司最重要的一份財務報表。
損益表因為非現金費用與管理層操作衍生出許多問
題，資產負債表則是採用歷史成本又受限於會計的穩
健原則，因此許多做財務的人把重點放在純粹數鈔票
的現金流量表。

　　一般而言，現金流量表會分成三個部分：營
業、投資、籌資。第一個部分：營業現金流，是另一
種衡量現金的指標，並且把許多我們討論過的元素融
合在一起。特別是第一章提到的：天柏嵐如何透過存
貨與應收帳款管理來產生現金。更廣泛地說，營運資
本（應收帳款、存貨、應付帳款）都有可能對現金流
造成顯著影響。

　　營業現金流和 EBITDA 在很多面向上都不同。

營業現金流公式

營業現金流＝淨利＋折舊與攤銷－應收帳款增幅
－存貨增幅＋預收收入＋應付帳款增幅

　　首先、也是最重要的一點，就是營業現金流會考量營
運資金的成本。其次，營業現金流的公式是從淨利開
始做計算，因此已經將所得稅與利息費用計算在內。
最後一點，計算營業現金流的最後步驟把折舊與攤銷
以外的非現金費用（例如員工認股）加回來。

　　那麼現金流量表其他部分呢？簡單來說，現
金流量表的投資部分著重沒有列進損益表，直接進
到資產負債表的投資項目，像是資本支出（capital
expenditures）和併購。籌資部分則是看公司有沒有
舉債或還債，或是發行股份或買回股份，並反映這些
操作對現金的影響。圖 2-1 以星巴克 2017 年的數據
為例，提供簡化版的現金流量表。如圖所見，現金流
量表會呈現過去一年內，因為營業表現、投資與籌資
決策而造成的現金部位變化。

EBITDA 的重要性會因公司所屬的產業而有所不同。以下列三間公司為例：電玩開發商美商藝電（Electronic Arts, EA）、藝術與手工藝零售商麥可公司（The Michaels Companies）、電信商康卡斯特（Comcast），哪一間的折舊與攤銷費用會最高？為什麼？

要了解折舊的影響有多大，可以把折舊費用和淨利相比較。2015 年，美商藝電、麥可公司、康卡斯特的折舊對淨利比率分別是 17%、34% 和 106%。這些數字很合理。康卡斯特不像美商藝電是軟體公司，它得砸重本才能打造全國的電纜與網路線網絡，因為投資額高，用淨利當成績效指標，可能會失真，比較的結果也有所缺陷。麥可公司因為有實體店面，數字介於美商藝電和康卡斯特中間。

營運資金

營運資金就是公司用來支持日常營運的資金，是了解營業現金流時的重要項目。你或許會認為財務只跟債務與權益有關，但實際上，財務深深嵌入一間企業的日常營運。

$$營運資金＝流動資產－流動負債$$

營運資金基本上就是流動資產與流動負債之間的差額，但通常側重三大重點組成項目：應收帳款、存貨、應付帳款。以下快速複習一下這幾個會計項目：

應收帳款。應收帳款是顧客（通常是企業客戶）欠一間公司的款項。透過重組計算，可以從應收帳款金額推算出收帳天期，就可以知道顧客平均在幾天內付款。

存貨。貨品與相關的投入物資在售出之前由公司持有的期間內都算是存貨。你可以從存貨的數字算出存貨週轉所需的天數，也就知道公司持有生產要素與貨品的平均天數。

應付帳款。應付帳款是一間公司欠供應商的

圖2-1 現金流量表範例與星巴克現金流量表，2017 年

營業活動

淨利

　＋折舊及攤銷

　（±）與營業活動相關之資產／負債淨變動數

營業活動之淨現金流

投資活動

　－房地產、廠房及設備增數

　（±）併購／撤資

投資活動之淨現金流

籌資活動

　－支付現金股利

　－買回普通股

　＋發行債券或股票

籌資活動之淨現金流

現金及約當現金淨增加（減少）數

(a) 現金流量表

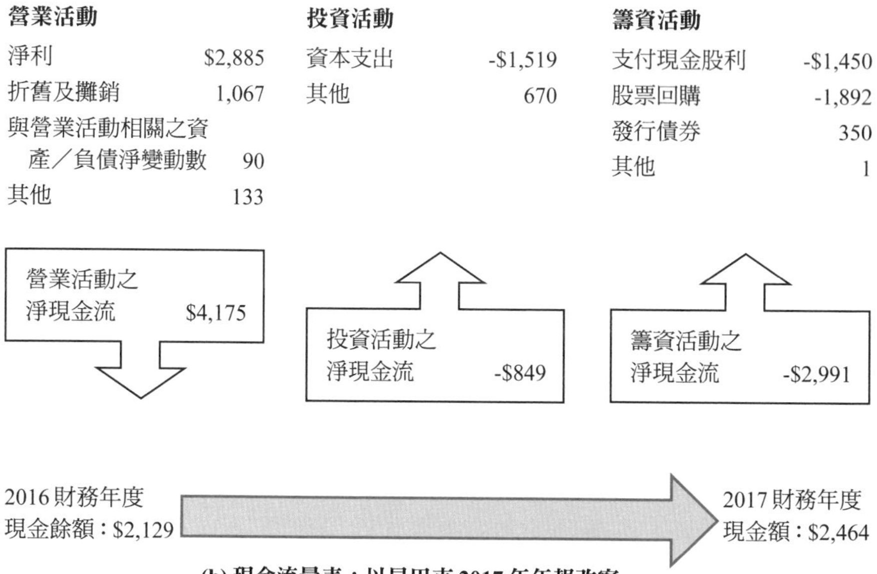

營業活動

淨利	$2,885
折舊及攤銷	1,067
與營業活動相關之資產／負債淨變動數	90
其他	133

營業活動之淨現金流　$4,175

投資活動

| 資本支出 | -$1,519 |
| 其他 | 670 |

投資活動之淨現金流　-$849

籌資活動

支付現金股利	-$1,450
股票回購	-1,892
發行債券	350
其他	1

籌資活動之淨現金流　-$2,991

2016 財務年度現金餘額：$2,129

2017 財務年度現金額：$2,464

(b) 現金流量表：以星巴克 2017 年年報改寫

錢，可以從這一項數字算出付款天期，也就是公司平均幾天才會付錢給供應商。

營運資金還有一種更狹隘的定義：

$$營運資金＝應收帳款＋存貨－應付帳款$$

在思考營運資金改變會帶來哪些影響時，有一個簡單的思考方式，就是去想一間公司的日常營運與其他資產無異，都需要資金支持。因此，如果營運資金降低了，公司的籌資需求就會降低。換言之，營運資金的管理會對財務造成深遠影響。

現金轉換週期

在表達營運資金的財務影響時，有一個很好用的方法，就是用時間來呈現，而不是數額。這項指標就稱為現金轉換週期（cash conversion cycle）。

為了了解現金轉換週期實際的操作方法，想像一下你正在經營一間五金行，你只做一門生意，就是向大盤商購買鐵鎚，再賣給裝修師傅。光是賣一支鐵鎚，就會涉及好幾項發生在不同時間點的交易。你買鐵鎚的時候要付錢，買完賣出去，再收錢。假設你買了鐵鎚之後，隔七十天才賣出去，又再等四十天才拿到錢，這些數字就對應到七十天的存貨、四十天的應收帳款收帳期。從營運的角度來看，就是你要花一百一十天才會從買鐵鎚到取得賣鐵鎚的現金收入。此外，你買了鐵鎚之後，等了三十天才付款。

從現金的角度來看，你要在收到現金之前八十天就先籌到現金來付錢。如果一間公司在收錢以前就要先付錢，他們就必須找到資金來支應現金轉換週期的缺口。一言以蔽之，只是買賣鐵鎚也會創造籌資需求（請見圖2-2）。但如果單看淨利或EBITDA，上述問題都不會浮現。

現金轉換週期的缺口衍生出幾個問題。籌資補起這段缺口的成本多高？公司可以如何調整做法以降低那些成本？調整做法的成本會不會反而比省下來的錢更多？

為了更深入了解營運資金循環背後的動態，讓我們來想像一下經濟衰退時會發生什麼情況。公司持有存貨的期間會拉長，就算他們成功賣出鐵鎚，購買鐵鎚的承包商也可能因為承擔了客戶晚付款的壓力而必須延後付款。現金轉換週期因此擴張，這就是2008年金融危機爆發時的情況。經濟衰退增加存貨週轉與收帳天數，銀行又怯於出手，因此沒有機制可以支應那麼大的缺口。這就是2008年全球貿易腰斬的原因。

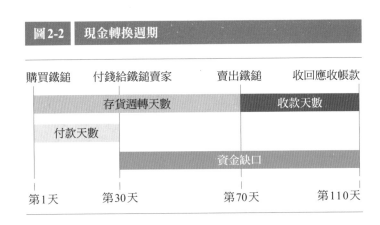

圖2-2　現金轉換週期

購買鐵鎚	付錢給鐵鎚賣家	賣出鐵鎚	收回應收帳款
	存貨週轉天數		收款天數
付款天數			
		資金缺口	
第1天	第30天	第70天	第110天

想｜想｜看

你現在的任務是要幫家得寶位於亞特蘭大（Atlanta）的一間店面管理營運資金。目前，存貨週轉天數是五十天，應收帳款收帳期二十天，應付帳款付帳期二十五天，因此會有四十五天的財務缺口。你要如何運用現金轉換週期的知識來縮小財務缺口？

你可以：

- 減少存貨週轉天數。
- 縮短應收帳款收帳期。
- 拉長應付帳款付帳期。

減少該店存貨週轉的天數，需要做出哪些取捨？決定這麼做與不這麼做的理由分別是什麼？

降低存貨週轉天數最簡單的方法之一就是減少存貨，如此一來必然會週轉得更快，需要籌措的資金量也會減少。然而，這麼做的風險是顧客可能會因為在你的店裡買不到某個品牌的油漆或是某一種工具，因而轉向你的競爭對手購買，以後可能就不來了。

縮短應收帳款收帳期的取捨是什麼？

你可以透過緊縮提供給顧客的信用期間來縮短收帳期，但那些顧客可能需要或已經習慣供應商提供信用期間，如果沒有寬限期，或許會改找家得寶的競爭對手。

拉長付款天期的優缺點是什麼？

延後付款給供應商的時間可能會破壞雙方關係，它們或許會不願意供貨，或者是較不願意讓你賒帳。如果亞特蘭大遭到颶風襲擊，所有人都需要進更多貨，供應商可能比較會選擇跟你的競爭對手合作，而不是跟你合作。

讓我們再回到你的五金行。有一家供應商提出十天內付款可享有 98 折的優惠。這是很常見的優惠條件。那麼它到底划不划算？

儘管這個條件乍聽會讓人很想不加思索地接受，但你需要更多資料才能做決定。這是一個籌資決策，因此決策時需要將其他籌資方法納入考量。由於你還款給供應商的天期從三十天縮到十天，你得想辦法找到資金支應這二十天的缺口。銀行或供應商，哪一種是比較便宜的籌資方式？假設銀行貸款年利率 12%，那麼取得二十天的資金成本就不到 1%，表示你應該接受供應商的提議，並向銀行貸款來支應那二十天的現金循環週期缺口。

供應商提供的折扣也可以說成是那二十天缺口的籌資成本，如果你拒絕對方的條件，就是為了二十天的資金，放棄 2% 的折扣。實際上，供應商就是用 2% 的利息提供給你二十天的貸款。為了這二十天的貸款，你想付 2% 還是不到 1% 的利息？答案當然是後者。向銀行貸款的成本低多了，因此你應該接受供應商的條件，並向銀行借錢支應那二十天的缺口。

亞馬遜如何成長、再成長

要了解營運資金可以對一間公司的財務模型造成多大的影響，讓我們再次以亞馬遜為例。亞馬遜在管理存貨、應收帳款、應付帳款時，其實採用了一種會創造負營運資金循環（negative working capital cycle）或稱負現金轉換週期（negative cash conversion cycle）的方法。在五金行的例子中，你負責的那間店家因為營運方式而有籌資需求，現在想像一下你所在的地方買賣鐵鎚不會消耗現金，反而還會創造現金。那就是亞馬遜在做的事。

2014 年，亞馬遜的存貨週轉天數平均四十六天，平均二十一天後會向顧客收款（以零售商而言略偏長，原因是雲端運算事業也包含在裡面）。但亞馬遜的市場霸主地位讓它如虎添翼，可以對供應商施壓，要求延後付款，平均九十一天才會付錢給供應商。換算下來，亞馬遜的現金轉換週期是負二十四天。

這樣的設計使得亞馬遜可以透過營運創造現金。蘋果在這點上也有相同情況。兩間公司的營運資金循環都使得它們可以在不需要尋求外部資金的情況下，依舊快速成長。換言之，運用營運資金創造現金

Salesforce.com是一間「軟體即服務」（software-as-a-service, SaaS）公司，主要業務是提供訂閱服務，有點類似雜誌訂閱的模式。企業客戶預先付費，就可以在一定期間內使用軟體。這種營運方式對Salesforce.com的現金轉換週期會造成什麼影響？

Salesforce.com的應收帳款收帳期會是負值，因為它在提供服務之前就先收費了。Salesforce.com沒有存貨，因此不存在存貨週轉天數的問題，Salesforce.com也不需要立刻付錢給供應商，如此一來就可以享受一段賒帳期間。透過先收錢再提供服務的模式，Salesforce.com同時讓顧客與供應商提供他們營運資金。

很多公司像戴爾一樣，採用即時生產方式，只有在需要的時候生產要銷售的商品。這種做法會對戴爾的現金轉換週期造成什麼影響？

戴爾會在接到客戶訂單之後，才開始生產產品，因此會降低存貨週轉天數，進而縮短現金轉換週期，藉此減少營運資金的籌資成本。

特斯拉（Tesla）是高級電動車製造商，現在已經開始向有意購買未來車款的顧客收取訂金。這種做法會對現金轉換週期造成什麼影響？

雖然特斯拉收取的訂金可能不到新車的售價全額，但還是意味著顧客在資助特斯拉的營運。顧客在特斯拉送貨之前就預付訂金的行為，讓特斯拉可以減少它需要向資金提供者籌措的資金金額。

是它們的商業模式中非常強大的一個機制。

供應商實際上等於是在為亞馬遜與蘋果提供成長所需的資金來源。兩間公司在營運資金循環中，都用較便宜的資金來源去替代外部資金來源，成為它們創造高經濟報酬的關鍵。但這些都沒有被反映在EBITDA、EBIT或淨利數字上。

營業現金流的計算從淨利開始，接著為非現金費用進行調整（主要是折舊與攤銷、員工認股權），最後再調整營運資金的影響，幫助我們更接近現金純淨的最高境界。

想｜想｜看

假設你的公司四十天內會付款給供應商，且一般利率是 20%。現在有家供應商提議，只要你在十天內付款，就可以獲得 1% 的折扣。你會接受這項提議嗎？為什麼？

一方面，那家供應商等於是向你收三十天期貸款 1% 的利息，另一方面，銀行三十天貸款利率遠超過 1%（以十二個月 20% 換算）。供應商提供的資金比較便宜，因此你應該透過供應商而非銀行取得資金。也就是說，你不該接受供應商的提案。

真實世界觀點 ━━━━━━━

海尼根財務長德布羅克斯分享營運資金的重要性：

時時思考營運資金可以怎麼改善固然是個好習慣，因為總是會有進步空間。但同時你也不應該過度執著，因為太過執著可能會致使你不樂見的行為。不管是買賣方都一樣，你必須非常小心。

海尼根的事業遍布全球八十個國家，並且希望向當地企業進行採購，因此我們在經營與供應商的關係時，都是採用長期、永續經營的做法。如果你為了強化營運資金而堅持把每一個供應商都榨乾，最終就會害死那些供應商。這並非理想的體系。營運資金固然重要，值得放心力關注，但在進一步擠出營運資金的時候，也要清楚你的作為會招致什麼結果。

最後，自由現金流

最後一項現金指標是自由現金流，也是在財務上衡量經濟表現最重要的指標之一。在討論衡量公司價值的方法或公司內部討論營運表現時，這一項指標

想 | 想 | 看

亞馬遜為什麼要把員工認股權加到營業現金流中？

員工認股權在損益表中被列為費用，因此會降低淨利，但就像折舊一樣，認股權並非現金費用，這就是為什麼要在計算營業現金流的時候加回來。過去二十年來，員工認股權已經演變成美國公司非現金費用中占相當比例的一個項目。

如果亞馬遜透過發行股票籌措成長所需的資金，將資金用來打造 Amazon Web Services（AWS）可用的伺服器農場（server farms），這筆錢會出現在現金流量表的哪個地方？

發行股票是一種籌資方式，因此會出現在現金流量表的籌資部分。

如果你看到亞馬遜 2014 年營運資金的數字，會發現它的現金減少了，但我不是說過，亞馬遜的營運資金本身就會幫公司創造現金嗎？

在 2013 至 2014 年間，亞馬遜的現金轉換週期從負二十七天變成負二十三天，營運資金循環週期的負值縮小和正值加大是一樣的意思，這就是為什麼亞馬遜在那一段期間的營運資金會需要現金挹注。

會一再地出現。

　　計算自由現金流的公式提供了一項衡量方法，讓我們可以看到真正不受企業營運干擾的現金流流量。自由現金流是最純粹的現金衡量方法，也是估算公司價值的基礎。自由現金流移除了折舊、攤銷等非

現金費用造成的扭曲效果（和 EBITDA 同理）、計入營運資金的變化（如同營業現金流），也正視了資本支出對公司成長的重要性（資本支出過去總被忽略）。簡言之，自由現金流把公司真正可以分配或隨意使用的現金區隔出來。

要計算自由現金流，讓我們先從 EBIT 開始，了解公司的營運狀況。因為是自由現金流，因此你要計入稅負的影響，EBIT 減掉稅金以後就會得出下一個簡寫：EBIAT，也就是稅後息前盈餘（earnings before interest after taxes），接著再把非現金費用（像是折舊與攤銷）加回去。下一步，如果公司的營運資金需求大到會時不時需要資金挹注，那麼就要再懲罰它的現金流，減去補挹注的資金，這樣就得出營業現金流。第三步驟，如果已規劃或必要的持續性資本支出，也要從現金流中扣除，因為這些現金支出都還沒有被算進去。

圖 2-3 用圖表和公式說明自由現金流。你可以想像一張簡化的資產負債表。這張表中，淨資產分成營運資金（例如：存貨加應收帳款減掉應付帳款）和固定資產（例如：房地產、廠房及設備），籌資側則按照債務與權益分隔。這張變形的資產負債表現在一側代表營運（左），一側代表資金提供者（右），而從營運側創造，最後流到資金提供者手上的錢，就是自由現金流。原理如下：一間公司的營運會創造 EBIT，但政府會拿走一部分，剩下 EBIAT，然後你必須考慮到，公司為了要成長，會持續投資營運資金及固定資產。最後，像是折舊、攤銷等非現金費用一

圖 2-3　自由現金流

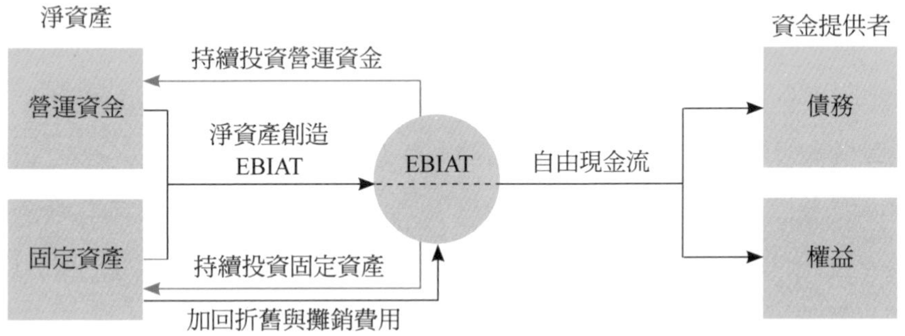

淨資產

持續投資營運資金

營運資金

淨資產創造
EBIAT

EBIAT → 自由現金流

固定資產

持續投資固定資產

加回折舊與攤銷費用

資金提供者

債務

權益

自由現金流公式

自由現金流 ＝ EBIT －稅負
＝ EBIAT ＋折舊及攤銷
　　±營運資金變動量＋資本支出

開始就不應該被算成現金支出，因此要加回去。剩下的就是自由現金流。

過去五十年來，財務上逐漸轉向以自由現金流來衡量報酬，為什麼？因為自由現金流能夠完整地反映一間企業的現金變動情況，而且確保資金提供者可以自由運用那些現金流。圖 2-4 的時間軸整理了 1960 年代起，財金領域關注的指標如何從營收轉向獲利，再轉向 EBITDA、營業現金流，再到自由現金流，並點出這些指標的差異。

想｜想｜看

亞馬遜這些年來，將觸角從核心零售業務延伸到 Web Services 雲端運算服務，以企業為主要客戶。你認為擴展後，亞馬遜的自由現金流會受到哪些影響？

首先，雲端運算的利潤可能會與亞馬遜的零售業務不同，因此會影響 EBIT。同時，訂閱雲端運算服務的用戶會預先付款，這對營運資金週期會有所影響，與過去只做零售不同。最後，亞馬遜可能需要蓋伺服器農場，資本支出可能會提高，後續折舊費用也會改變。

圖 2-4　從營收轉向自由現金流，1960 年代至 2020 年代

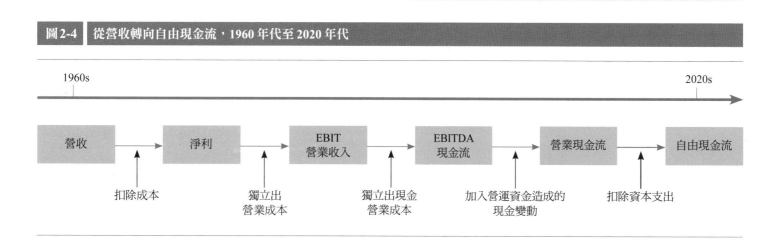

真實世界觀點

摩根史坦利私募股權部門全球主管瓊斯評論：

在收購一間公司的時候，我們會盡可能找出我們能夠對它做出的改變。我們有一套很有條理的分析方式，從損益表、現金流量表一路梳理到資產負債表。從損益表的第一項開始，思考如何提高營收、改善毛利，再看如何減少營業費用，讓更多毛利可以流向底線獲利，然後再看稅務管理能夠怎麼改善。

接著，我們會看現金流量表。資本支出狀況如何？我們在檢視資本支出帶來的預期報酬時，是否有嚴格地套用高標準檢視？在投資兩到三年後，是否還持續仔細地審查它的績效？營運資金是很好的著手之處。我們到現在也還是會接觸到許多不太在乎營運資金、讓營運資金占銷貨收入的比重完全失控的企業，讓我們覺得很不可思議。在看現金流量表的時候，我們盡可能審慎管理應收帳款、應付帳款與存貨。接著我們會把焦點轉向資產負債表，了解非核心資產，或思考如何把既有資產的資本密集度（capital intensity）管理得更好。

亞馬遜 vs. 網飛

在我們進入下一個重要的財金觀念（重視未來）之前，讓我們先看一下為什麼從現金觀點檢視公司，可以獲得深入的見解。比較一下兩間龍頭企業：亞馬遜和網飛（Netflix）的營收數字（請見圖 2-5 和圖 2-6）。

雖然兩間公司規模有落差（亞馬遜遠大於網飛），但可以清楚看到 2001 至 2017 年間，兩間公司的成長都非常亮眼。不過光看營收不夠，讓我們再來看看其他財務指標（請見圖 2-7 和圖 2-8）。

亞馬遜看起來還沒開始獲利，至少截至近年才由虧轉盈。以獲利來看，網飛比亞馬遜更會賺，淨利率將近 5%，亞馬遜只有不到 2%。

現在，看一下兩家公司的營業現金流。情況開始有所轉變，從這裡就可以看出多用幾種衡量標準有

圖2-5　亞馬遜總營收，2001 至 2017 年

（單位：百萬美元）

圖2-7　亞馬遜獲利及現金流，2003 至 2017 年

營業活動創造的現金流

淨利

自由現金流

（單位：百萬美元）

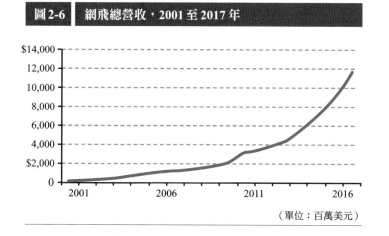

圖2-6　網飛總營收，2001 至 2017 年

（單位：百萬美元）

圖2-8　網飛獲利及現金流，2003 至 2017 年

淨利

自由現金流

營業活動創造的現金流

（單位：百萬美元）

什麼好處。究竟發生了什麼事情呢？非現金費用與營運資金管理推高了亞馬遜的營業現金流。那麼網飛呢？網飛因為重金投資內容，導致它的獲利變成負的營業現金流。簡單來說，網飛買的內容越來越多，並快速攤銷，消耗了現金。營業現金流訴說的故事和獲利截然不同。

最後，再來看它們的自由現金流。考量資本支出之後，現在看到的景況又變了。網飛並沒有大筆資本支出，因此自由現金流不比營業現金流差多少。亞馬遜的資本支出較顯著（部分原因是併購全食超市），因此近幾年自由現金流是負值。

上述各種指標針對同樣兩間公司講述了不同的故事，如果我們只看營收或淨利，就會忽略那些故事了。看過各種指標，並把重點放在自由現金流之後，就可以清楚看出兩家公司的核心問題都是資產密集度（asset intensity）。如果網飛購買內容的成本繼續飆高，就永遠不會創造正的現金流。亞馬遜併購全食超市之後，擁有的實體店面增加了，可能會對自由現金流造成極大的影響。

聚焦未來

會計與財務分析特別重視過去與現在的特徵歸納，相反地，財金領域的人認為，思考任何決策帶來的價值影響時，要看的都是未來。一言以蔽之，現在的價值就是未來表現以現金流呈現的結果。但如此一來，財金領域就必須面臨一個問題，就是未來現金流的價值不盡相同。今天收到的1美元跟十年後收到的1美元，對你而言會完全相同嗎？顯然不會。因此，財金上的思維是去思考某項資產未來會創造多少現金流，再看那些現金流目前價值多少。

計算方法比直接把所有未來現金流加總起來複雜，因為金錢具有時間價值是財金中的一個核心概念。這個概念其實很單純，就是現在的1美元比一年後的1美元有價值。

為什麼？因為如果你現在有1美元，就可以拿那1美元來做點事並獲取報酬，意味著一年後你不只會有1美元。這個簡單的想法也代表一年後才拿到的1美元必定比現在就拿到的1美元不值錢，但確切價值差多少呢？

這就要看那筆錢的機會成本（opportunity cost）

了。你放棄了什麼獲取報酬的機會？如果你當時選擇不等待、馬上拿到錢，這筆錢可以拿來做什麼？只要知道等待的成本，就可以衡量機會成本造成的損失，藉以「懲罰」未來現金流。那一項損失就稱為「折現率」（discount rate）。懲罰現金流的概念看起來或許有點怪，但那實際上就是折現達成的效果，你會懲罰那些讓你等久一點才拿到錢的人，因為人都不喜歡等待，而且如果不需要等待的話，你現在就可以運用那筆錢。

在後續的章節中，我們會運用這些機制來估算公司價值，不過現在讓我們先了解一下折現（discounting）背後的概念與幾個基本公式。

折現

要怎麼把金錢的時間價值與機會成本的概念融入財務操作？一個簡單的方法就是運用利率的概念。假設你今天把錢存到銀行裡，可以獲得 10% 的利息，那麼一年後，你手上就會有 1.10 美元。因此，你基本上會對於今天拿到的 1 美元，與一年後拿到的 1.10 美元一視同仁。這是今天的 1 美元為什麼比一年

後的 1 美元更有價值的第一個原因。

未來現金流強迫你等待，現在你知道要怎麼懲罰它了。你每等上一年，就要把未來現金流「稍微修剪一些」，除以「1 加上利息」，因為這就是你如果不需要等待，就可以獲得的收益。

折現公式

$$\frac{現金流}{(1+r)}$$

$$r = 折現率$$

公式中的 r 就是當你做其他投資的時候，可以取得的利率，也就是等待的機會成本。舉個例子，假設你想知道一年後收到的 1,000 美元現在值多少錢，銀行給你的利率是 5%，而且如果你現在立刻拿到 1,000 美元，就會把這筆錢存入銀行，那麼套用上述的公式計算，以 5% 當成折現率，就可以得出一年後獲得的 1,000 美元現在值 952.38 美元。如果你現在給銀行 952.38 美元，那麼明年就會得到 1,000 美元。

假設現在利率突然拉高到 10%，一年後的 1,000

美元現值還是 952.38 美元嗎？還是現值會增加或減少？如果利率是下跌呢？

如果利率提升到 10%，你一年後想領 1,000 美元，現在就要存 909.09 美元到銀行，而非 952.38 美元。如果利率下跌，假設剩下 2%，那麼就要存 980.39 美元，一年後才會領到 1,000 美元。這是什麼意思呢？就是你在利率 10% 的狀況下，由於機會成本較高，你對未來現金流的懲罰更重。（也就是說，未來才領到的 1,000 美元，現在只值 909.09 美元。）相反地，在利率 2% 的情境下，罰則輕得多。（一年後領到的 1,000 美元，現在值 980.39 美元。）

多年折現

如果你未來好幾年都有現金流呢？回想一下剛剛講到懲罰現金流的邏輯，如果你不想等一年，那麼鐵定超不想等五年。要怎麼把這件事情算進去？如果要等超過一年，你就要針對那些現金流進行多次折現。多年度的折現和一年折現方法大同小異，是要把一年的折現流程反覆操作幾次而已。只要稍微修改原本的公式，就可以處理多年的現金流折現：

多年度折現公式

$$\frac{現金流_1}{(1+r)} + \frac{現金流_2}{(1+r)^2} + \frac{現金流_3}{(1+r)^3} \cdots\cdots$$

此處的 r 依然是年度折現率，或利率。為了辨別年度，我在現金流旁邊加上下標，代表取得現金的年度。每多等一年，就要進一步折現，因為每多等一年，你就要多收一點錢。

假設銀行現在推出一個未來三年每年給付 1,000 美元的方案，且現在一般利率是 5%，那麼銀行提供的方案對你來說有多少價值？首先，你要計算各筆款項的現值。如果你連續幾年都有現金流要相加，就要把每一筆現金流套入公式中，轉換成現值。如果不這麼做，等同於是拿橘子去跟蘋果比。只有把所有現金流都變成蘋果，才能做比較。

當你把三個數值相加，就知道銀行方案的現值是多少：

$$\frac{1,000}{(1+0.05)} + \frac{1,000}{(1+0.05)^2} + \frac{1,000}{(1+0.05)^3}$$

或

$$\$952.38 + \$907.03 + \$863.84 = \$2,723.25$$

折現率的影響

讓我們來看看折現率對現金給付的現值影響。假設你未來十年，每年都可以領取 1,000 美元的現金，折現率改變對現金流會有什麼影響？如同圖 2-9 呈現的，影響可大了。

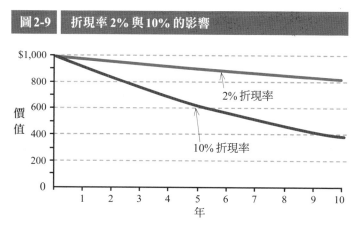

圖 2-9　折現率 2% 與 10% 的影響

2% 折現率下的總現值：$9,982
10% 折現率下的總現值：$7,144

沉沒成本與淨現值

財金與會計的差別，以及計算折現的過程教了我們很重要的一課，就是沉沒成本（sunk costs）（即：已經發生且無法回收的成本）不需要考慮。會計會在資產負債表和損益表中，仔細處理這些沉沒成本，但對財金專業人士而言，付錢購入資產的錢已經永遠消失了。

舉例而言，假設你的公司砸了 10 萬美元為新產品做市調，不管你針對產品的未來發展獲得了哪些資訊，這筆錢都沒了。因此，關於該產品未來的決定（像是是否該發售？）需要考量市場調查的結果，但不需要考量已經花下去的 10 萬美元。不僅做市調的成本不用管，花在規劃產品設計與發售的時間成本也一樣。一切都一去不復返，你怎麼盼也盼不到它回來。

簡言之，衡量價值時，你需要：(1) 檢視未來；(2) 思考未來會產生哪些新的現金流；(3) 運用資金的機會成本的概念，將上述現金流折現。

計算某個計畫案的現值時，需要把所有可能的現金流（包括正值與負值）折現後加總。（你獲得

想｜想｜看

一位朋友想跟你借錢，你會希望他一年內還錢？還是兩年？

大部分的人都會希望對方一年內還款，因為這樣就可以把錢拿來做其他事情，這就是機會成本的概念。等待的成本會與你如果擁有那筆錢，可以拿來做什麼有關。財務上一個關鍵的概念就是要考量適切的機會成本，因為這會影響等待該換取多少回報。各項投資相應的機會成本不同，要考量與那項投資相關的機會成本是什麼，而不是隨便抓一個替代方案來套用。

如果你的朋友堅持他要兩年才能還款，他要怎麼做才會讓你更願意等待？

在這種情況下，要求你朋友為了這多等的一年而多還一點錢應該是個很合理的要求。同理，如果必須要等待，人們通常會要求額外報酬。

如果要多等一年，有哪些因素會影響你要求朋友提供的額外報酬數額？

很多人會考量朋友的可信度（過去借錢還款的情況、工作是否穩定、收入多高等），在計算多等一年該要求多少額外報酬時，也要把你覺得這位朋友不還錢的風險算進去。關於依風險收費的概念，我們會到第四章再詳述。

的現金，或者說是現金流入，是正值。你花掉的現金，或者說現金流出，是負值。）判斷淨現值（net present value, NPV）用的是與前述相同的折現算式，但還要加入計畫的初始成本。

舉個例子。假設 Nike 在蓋新的鞋廠，耗資 7,500 萬美元，未來五年，Nike 利用這間廠房生產並販售鞋子，每一年都會替公司賺入 2,500 萬美元。假設這個計畫的折現率是 10%。

Nike 工廠的現值

$$\frac{25}{(1.10)^1} + \frac{25}{(1.10)^2} + \frac{25}{(1.10)^3} + \frac{25}{(1.10)^4} + \frac{25}{(1.10)^5} = 9{,}480\,萬$$

這個計畫案的現值是 9,480 萬美元。Nike 投資 7,500 萬美元到價值 9,480 萬美元的計畫中，可以創造 1,980 萬美元的附加價值，那就是該計畫的淨現值。因為會帶來 1,980 萬美元的額外價值，Nike 應該蓋新廠。這是財金領域價值決策原則的關鍵之一，公司在投資時，只該投資淨現值為正的計畫。

隔年，Nike 再次檢視生產狀況。很不幸，銷售狀況並不好。第一年並沒有賺到 2,500 萬美元，而是只賺了 1,000 萬美元，並且預期未來四年這個趨勢會持續下去。

Nike 工廠的現值 2

$$\frac{10}{(1.10)^1} + \frac{10}{(1.10)^2} + \frac{10}{(1.10)^3} + \frac{10}{(1.10)^4} = 3{,}170\,萬$$

Nike 工廠的未來現金流的現值現在變成 3,170 萬美元。如果在 Nike 得知第一年數據差強人意之後，

競爭對手和 Nike 接洽，提出以 4,000 萬美元收購該工廠的提案，Nike 是否該接受？別忘記，Nike 花了 7,500 萬蓋工廠。

Nike 應該毫不猶豫地接受提案。4,000 萬美元的出價比工廠的未來現金流目前現值 3,170 萬美元好多了。然而，接受提案意味著 Nike 要放棄所有未來現金流。該提案的淨現值（也就是 Nike 接受提案後為自己創造的價值）是 830 萬美元。此刻，拿來蓋廠房的 7,500 萬美元是沉沒成本，不應該影響當下決策。希望 Nike 的對手已經想好計畫，可以經營得比 Nike 原本預期要做到的更好，不然就不該出價 4,000 萬美元收購工廠。

Nike 的例子其實可以用財金領域中最重要的兩個公式來總結。第一個是任何一項投資的現值就是未來現金流以適切的折現率折現後的總合。

現值公式

$$現值_0 = \frac{現金流_1}{(1+r)} + \frac{現金流_2}{(1+r)^2} +$$
$$\frac{現金流_3}{(1+r)^3} + \frac{現金流_4}{(1+r)^4} \cdots\cdots$$

各項投資的淨現值就是所有現在與未來現金流以適切的折現率折現後加總的結果。

淨現值公式

$$現值_0 = 現金流_0 + \frac{現金流_1}{(1+r)} + \frac{現金流_2}{(1+r)^2} +$$

$$\frac{現金流_3}{(1+r)^3} + \frac{現金流_4}{(1+r)^4} \cdots\cdots$$

如果管理者重視價值創造，那麼他們最應該遵循的財務決策原則就是只進行淨現值為正的計畫。

想｜想｜看

你是 NBA 某球隊的總經理，2018 年選秀後，你發現第一輪和第十輪選到的選手一樣強，你應該讓誰多上場？

如果他們一樣強，你應該一視同仁，讓兩人上場時間一樣多。然而，《管理科學期刊》（*Administrative Science Quarterly*）[1] 在 1995 年所做的研究卻發現，即便表現、受傷狀況、上場負責位置相同，NBA 球隊仍會讓較早被選中（因此比較貴）的球員多打一點，也會讓那些球員在隊上留比較久。看來就算在籃球領域，也很難忽略沉沒成本。

康寧公司股票分析

如果你是證券分析師（equity analyst）或投資人，會如何決定要不要投資某間公司？讓我們來看看證券分析師摩爾對康寧公司（Corning Glass）所做的分析。他的分析會展現評價機制如何運作，以及好好善用的話，評價機制可以發揮多大的力量。

康寧製造手機、電視、筆電螢幕用玻璃。顯示玻璃（glass display）的製程難度極高，康寧是少數能夠把顯示玻璃做好的公司，因此得以成為市場霸主。

2000年代初期，液晶電視螢幕與手機螢幕的需求暴增，康寧也跟著快速成長。最後，需求開始放緩，電視和手機的市場不再像以前一樣高速成長，也就是說康寧的終端市場逐漸停止擴張。最後的結果就是康寧雖然有技術、有規模，也占據市場領導位置，但股價仍因玻璃顯示產業（康寧的客戶）縮水而不如大盤。

看看2008至2012年間，康寧、大盤指標〔標準普爾500指數（S&P 500）〕、康寧的客戶〔樂金顯

示（LG Display）〕的股價走勢（請見圖2-10）。

圖中顯示，2010年年初開始，樂金顯示這類的公司利潤開始下滑，面板價格跌了約15%至20%，股票市場開始將利潤下降的因素反映到供應商的股價上，康寧也受到衝擊。

圖2-10　康寧公司股價表現，2008至2012年

看到上述因素後，如果你是摩爾，會選擇買入還是賣出康寧的股票？

從一個角度來看，看起來康寧公司的客戶遇到

麻煩了。樂金顯示的利潤與其他液晶面板製造商的利潤都被壓縮，限制了公司的現金流量。但這樣的情況對康寧而言，意味著什麼？

事實上，影響康寧利潤的顯示玻璃價格並沒有和面板價格一樣跌落，因為康寧的競爭優勢讓它具有決定價格的能力。由於面板製造商都受制於康寧，因此即使成本下降，康寧還是可以維持高產品價格。摩爾發現市場忽略了康寧的訂價能力，因此反應太過激烈，高估了終端市場需求下降對康寧的衝擊。

依據第一章對英特爾與食獅利潤的討論與康寧的分析練習，你覺得康寧的利潤應該高還是低？

康寧的 EBITDA 利潤率很高，2012 年達到 27%。康寧的事業本質上是把沙子變成玻璃，創造許多價值，因此值得高利潤。

知道康寧的成長狀況後，你會預期 EBIT／營收的利潤率和 EBITDA／營收的利潤率兩者差異大還小？

康寧在 2000 年代初期為了快速成長大筆投資製造設施，因此折舊費用很高，壓低了 EBIT，進而使得 EBIT／營收和 EBITDA／營收這兩個數字的差異很大。EBITDA 利潤率也因此是比較可信的績效評估標準。2012 年，康寧公司的 EBIT／營收利潤率只有 14%，但 EBITDA／營收的利潤率高達 27%。

預估現金流

摩爾開始評估康寧公司的第一步驟，就是預估未來現金流。下一步則是要利用預估出來的未來現金流，估算康寧的自由現金流（請見表 2-2）。你有辦法算出 2014 年的自由現金流嗎？提示：看一下 2012 和 2013 年的自由現金流怎麼算的。

運用自由現金流的公式，我們得到：$2,195 ＋ $1,108 － $1,491 － $50 ＝ $1,762。

現在要找出一個折現因子（discount factors），以將自由現金流折現後，算出現值。折現因子是從折現公式而來，反映幾年後 1 美元的現值是多少。算出折現因子之後〔證券分析師摩爾用 6% 作為折現率（r）〕，用自由現金流乘上折現因子。參考 2014 年的數字計算 2015 年的數字（請見表 2-3）。

把自由現金流乘上折現因子後，你會得到 1,381 美元，也就是 2015 年預期現金流的現值。

把所有未來現金流的折現值相加，就可以估計康寧公司的價值。結果是 18,251 美元。（表 2-2 和 2-3 並沒有把所有相關的現金流都放進來，到第五章會說明原因。）這個數字就是康寧公司的整體價值，但我們還想知道這檔股票值不值得投資。要得到答案，我們得把資產負債表上的現金項目加上去（因為那筆錢和未來現金流一樣都屬於公司），再減掉債務，因為債還清了以後，股東才能拿錢。因此，康寧公司的股票評價是 21,152 美元，或者除以流通在外股數 1,400 後，得出每股 15.11 美元。摩爾出具這份報告的時候，康寧的股價只有 11 美元，表示投資人因為康寧的客戶遇到的情況而過度貶低了康寧的股價。

表 2-2　康寧公司估值						
	2012E	2013E	2014E	2015E	2016E	2017E
EBIAT	$2,046	$2,136	$2,195	$2,144	$2,154	$2,126
＋折舊及攤銷	983	1,056	1,108	1,169	1,238	1,315
－資本支出	1,775	1,300	1,491	1,615	1,745	1,864
－營運現金增幅	112	32	50	53	46	47
自由現金流	$1,142	$1,860	?			
折現因子						
自由現金流現值						
自由現金流現值總和						
－債務	$3,450					
＋現金	$6,351					
股東價值						
股數	1,400					
隱含股價（美元）						

（單位：百萬美元）

摩爾在 2012 年 12 月出具的報告中建議「買入」。看看在那之後兩年康寧公司的股價表現，並與標準普爾 500 指數及樂金顯示比較（請見圖 2-11）。

因為摩爾了解康寧公司的利潤來源，他知道康寧的現金流會比面板廠更穩固，即使終端市場緊縮也不例外。摩爾也知道 EBITDA 比 EBIT 或淨利更值得信賴。運用折現率及金錢的時間價值，他算出康寧公司的股票現值，並提出很棒的建言。這就是證券分析和投資整體的重點。

表2-3	康寧公司估值					
	2012E	2013E	2014E	2015E	2016E	2017E
EBIAT	$2,046	$2,136	$2,195	$2,144	$2,154	$2,126
＋折舊及攤銷	983	1,056	1,108	1,169	1,238	1,315
－資本支出	1,775	1,300	1,491	1,615	1,745	1,864
－營運現金增幅	112	32	50	53	46	47
自由現金流	$1,142	$1,860	$1,762	$1,645	$1,601	$1,530
折現因子		0.9434	0.8900	0.8396	0.7921	0.7473
自由現金流現值		$1,755	$1,568	**?**		
自由現金流現值總和						
－債務	$3,450					
＋現金	$6,351					
股東價值						
股數	1,400					
隱含股價（美元）						

（單位：百萬美元）

圖2-11　康寧公司股價表現，2013至2014年

康寧公司

標普500指數

樂金顯示

每股指數化歷史價格

200
180
160
140
120
100
80
60

2013年1月　2013年4月　2013年7月　2013年10月　2014年1月　2014年4月　2014年7月　2014年10月

鴻海夏普

讓我們來看一下日本的夏普公司（Sharp Corporation）。夏普的主業是電視等電子產品的設計和製造。鴻海精密工業（或「富士康科技」）是世界上最大的電子產品代工廠。就像康寧的案例一樣，我們會在接下來幾個章節中，陸續分析鴻海夏

普的個案。

這個個案的核心是夏普位於堺市（Sakai）的液晶螢幕顯示器（LCD）廠。夏普是第一個製造並商業化液晶顯示面板的公司，當時，它面臨是否要再生產更大面板的抉擇（想像65吋大電視的大小）。過去，液晶面板的尺寸非常小，而夏普當時認為，透過生產更大的面板可以創造出規模經濟效益，並取得競爭優勢，但製造大面板需要非常大片的玻璃，也就需要大工廠，造成製造上極大挑戰。

2011年，夏普預估需要在三年內投資48億美元，於日本大阪附近的堺市打造世界上最大的玻璃顯示器工廠。2014年啟用後，該廠就會開始為公司創造金流。假設折現率8%，讓我們計算淨現值以決定夏普是否該建廠。表2-4提供現金流工作表，幫助你將所有自由現金流的折現值加總後，判斷這個計畫的淨現值（NPV）（請見表2-4）。

堺廠的淨現值是－29.8811億美元。夏普應該建廠嗎？前面討論過的內容都指向不應該建廠。

雖然淨現值是負值，但夏普還是執意建廠，因為它們醉心於科技上的挑戰，又渴望走在時代尖端。夏普的管理層就和許多其他企業管理層一樣，只要

淨現值分析的結果和心裡想看到的不一樣，就不相信分析，但這種對淨現值分析的不信任，卻是個大麻煩。毫無意外地，夏普很快就遇到問題。它們不顧預測（forecasts），滿心期待超大電視的需求會扶搖直上，並希望以每台數千美元的價格販售電視，如果達到這個價格，利潤、EBITDA、現金流就會足以使投資回本。然而，消費者覺得這個價格太高了。

夏普別無選擇只能降價，犧牲獲利。當時，夏普唯一的冀望就是能多賣幾台電視來把利潤的落差填補回來，但為了吸引更多顧客，夏普只好再次降價，降到最後，售價根本回不了本。因為這些不幸的種種發展，堺廠成了擱淺資產（stranded asset）。夏普沒有從投資中獲得報酬，利潤被壓縮，公司開始虧錢。股東看著股價下跌，憂心忡忡，會計上的考量也使公司急著要脫手堺廠。

2011 年夏普在販售堺廠時，可以接受的底價應該是多少？為了幫你回答這個問題，請想想以下幾點：

- 夏普花了 48 億美元蓋廠。
- 計畫案原本的淨現值是 −29 億美元。
- 2011 年，夏普算出堺廠的現金流折現值是 32 億美元。

真實世界觀點

證券分析師摩爾評論現金流在企業評價中的重要性：

「現金為王」的說法一點也沒錯。投資人要的說穿了就是現金報酬，當你投入金錢，就會想把錢拿回來，而唯一一個把錢拿回來的方式，就是想辦法把這些數字轉換成現金。假設你是股東，股價上升，你就可以賣掉把現金拿回來。如果你是追求股利的投資人，就會希望可以收到現金股利。如果你是債券投資人，就會預期投入現金後，可以獲得穩定的收入。因此，對公司而言，關鍵就是要有能力把錢還給股東或其他對公司有請求權的人。

你可以看各種指標，來推斷一間公司成長的狀況。公司有沒有在創造現金？如果有，那就沒問題。如果沒有，你就遇到問題了。

現金非常、非常重要，重點就是要看現金指標。歸根究柢，就是要回歸企業評價的根本。評價說穿了就是現金流折現，而不是盈餘折現。是現金流。因為我投入現金，就會想拿回現金，這就是為什麼現金流折現才是王道。

表2-4	夏普公司預估自由現金流，2007 至 2029 年		
年度	**自由現金流**	**折現因子***	**自由現金流折現**
2007	−$1,378.00	0.93	−$1,275.93
2008	−3,225.00	0.86	−2,764.92
2009	−282.00	0.79	−223.86
2010	−430.35	0.74	−316.32
2011	−177.30	0.68	−120.67
2012	−83.33	0.63	−52.51
2013	6.83	0.58	3.99
2014	89.91	0.54	48.57
2015	166.32	0.50	83.20
2016	236.49	0.46	109.54
2017	300.80	0.43	129.01
2018	359.61	0.40	142.81
2019	413.26	0.37	151.95
2020	462.08	0.34	157.32
2021	457.46	0.32	144.21
2022	452.88	0.29	132.19
2023	448.36	0.27	121.18
2024	443.87	0.25	111.08
2025	439.43	0.23	101.82
2026	435.04	0.21	93.34
2027	430.69	0.20	85.56
2028	426.38	0.18	78.43
2029	422.12	0.17	71.89
NPV			**−$2,988.11**

* 折現因子捨入至小數點後第二位。　　　　　　（單位：百萬美元）

最後，走投無路的夏普公司決定將堺廠 46% 的所有權以 7.8 億美元賣給鴻海董事長郭台銘。這筆交易背後隱含的訊息是，堺廠的價值僅有 17 億美元。雖然夏普很高興把堺廠處理掉了，但售價遠低於當時廠房的實際價值：32 億美元。實際上，夏普公司做了兩個錯誤的決策：一開始看到負淨現值就根本不該建廠；在賣廠時應該更努力提高價格，因為目前的做法把大筆價值都轉給了郭董。

小測驗

請注意有些問題的答案不只一個。

1. 你是電子與電器用品零售商百思買（Best Buy）採購部門的負責人，正為了現金轉換週期的籌資缺口發愁。下列哪一種做法無法縮小缺口？

   A. 拉長付帳期間

   B. 提振銷售

   C. 縮短應收帳款收帳期

   D. 減少存貨週轉天數

2. 下列何者是財金與會計領域概念不同之處？（請選擇所有適切的答案。）

   A. 經濟報酬的組成是什麼（淨利或自由現金流）

   B. 如何衡量資產（歷史成本或未來現金流）

   C. 存貨要記錄在哪裡（損益表或資產負債表）

   D. 如何衡量權益價值（帳面價值或市場價值）

3. 2016 年，輝瑞投資 3.5 億美元在中國建新廠，該廠的現金流折現為何才代表投資合理？（請選擇所有適切的答案。）

   A. 3 億美元

   B. 4 億美元

   C. 5 億美元

   D. 以上皆是

4. 你想加盟五個傢伙美式漢堡店（Five Guys Burgers & Fries），你預估要花費 25 萬美元，並預期未來五年會創造大筆自由現金流，之後你就要把店以 20 萬美元賣出。各年現金流折現值分別是 90,000 美元、80,000 美元、70,000 美元、60,000 美元、180,000 美元（包含第五年的現金流與售出收入），下列何者可能是這比投資的淨現值？

   A. 180,000 美元

   B. 230,000 美元

   C. 480,000 美元

   D. 600,000 美元

5. 為什麼財務上在計算經濟報酬的時候，要把折舊和攤銷費用加回去？

   A. 折舊費用不確定性極高，不應該列入計算

B. 公司購買資產時，通常會花太多錢，導致折舊過高

C. 折舊並非現金費用

D. 折舊列入資產負債表而非損益表

6. 假設臉書現在一股賣150美元，代表股票市場相信下列何者為真？

A. 臉書營運創造的未來自由現金流折現總和，加上現金扣除債務後的金額，顯示臉書的股票價值應該有150美元

B. 你永遠可以以150美元賣掉臉書的股票

C. 買入一單位臉書股票的淨現值是150美元

D. 用來計算臉書股票價值的未來現金流折現率是15%

7. 美國鋼鐵公司的應收帳款收帳期是三十三天，存貨週轉天數是六十八天，應付帳款付款期是四十九天。籌資缺口有多長？

A. 負十四天

B. 五十二天

C. 八十四天

D. 一百五十天

8. 如果你的供應商提議，只要你提早二十天還款，就給你2%的折扣，意味著供應商給你二十天貸款的隱含利率是多少？

A. 0%

B. 1%

C. 2%

D. 這是折扣而非貸款，因此不存在隱含利率

9. 你的公司投資1億美元蓋新廠，並預期未來現金流的現值是1.5億美元。兩年後，已經明顯看出新產品銷售不如預期，此際未來現金流的折現值只有5,000萬美元。公司是否該關廠？

A. 是，因為淨現值現在是負值

B. 否，因為現值還是5,000萬美元

10. 針對自由現金流的敘述，下列何者為真？

A. 只提供給權益提供者，且經稅務調整

B. 只提供給資金提供者，且經稅務調整

C. 只提供給權益提供者，未經稅務調整

D. 只提供給資金提供者，未經稅務調整

章節總結

在本章，我們探討了兩項核心財金原則。第一，相較於獲利，現金是衡量經濟報酬較好的指標。「現金」是個有些模糊不清的用語，但可以透過思考 EBITDA、營運現金流、自由現金流（財務純淨的最高境界）來強化既有定義。了解現金的重要性以後，就能了解為什麼有些公司空有獲利、沒有現金，未來恐怕無法永續發展，也能了解為什麼有些沒獲利但滿手現金的公司其實非常值錢。第二，今天賺到的現金比明天賺到的更有價值，因為資金有機會成本，如果忽略機會成本，就有可能破壞價值或把價值拱手讓人。所有價值都來自未來現金流，而做出淨現值為正的決策就是好的資金管理者與公司管理者的正字標記。後續所有內容都會建立在本章提到的這兩個核心概念之上。

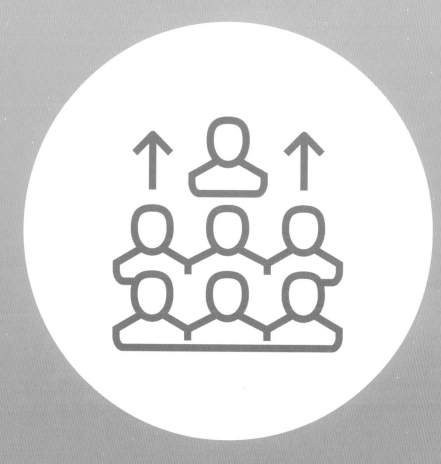

第三章

財金生態系

了解資本市場的角色、動機與手法

2018 年夏天，線上影片串流服務公司網飛宣布本土訂閱用戶增加 67 萬名、國際訂閱用戶增加 450 萬名（原本就有 1.25 億用戶），股價卻在盤後下跌 14%。為什麼？總訂閱數增加這麼多，股價為什麼還會跌 14%？

2014 年，激進投資人尼爾森・佩爾茲（Nelson Peltz）買下百事公司大量股權，並開始要求公司將零食部門菲多利（Frito-Lay）從軟性飲料部門拆分出來。百事公司的回覆是：「我們相信您了解我們已嚴肅檢視您的觀察及提案，並堅決反對分拆業務的提案。」[1] 佩爾茲於是向其他股東抱怨，引發為期兩年的股東起義（shareholder revolt），直到佩爾茲賣掉股份才結束。為什麼激進投資人要和公司高層互鬥？

退休金帳戶中，我們必須選擇不同種類的基金，包括主動型與被動型共同基金（mutual funds）？那是什麼意思？共同基金是什麼？共同基金和那些邪惡的對沖基金（hedge funds）有什麼不同？

讀完本章後，我們會了解資本市場中關於「角色、動機、手法」的各種問題。資本市場對經濟成長而言至關重要，政策制定者與公司管理者也越發跟隨資本市場的走向，然而，外界卻對資本市場的價值與智慧存疑。不管你對這些市場的看法是什麼，身為一名步步高升的管理者、存款人、公民，你與資本市場的互動會日益頻繁。在這裡，我們要探索並揭開資本市場的神祕面紗。

最廣泛地說，我們要問的是財務金融在社會上扮演什麼角色，以及如何重塑那個角色。在過程中，我們會回應各界對於金融市場價值的主要質疑聲浪，也會體會到金融其實並不只是關於錢而已。

為什麼財務金融不能單純一點？

為什麼財金世界不能單純一點？讓我們想像一個簡化版的資本市場。一方是手握存款、想要投資的個人與家戶，那些人就像你我一樣，想要為大學或退休生活存錢，希望可以用存款來創造報酬；另一方則是需要資金來推動新計畫並成長的企業。一個簡化過的財金世界中，就只有存款人與企業，我們之間不需要卡著繁複的金融操作（請見圖 3-1）。

為什麼世界不能這樣簡單地運轉就好？為什麼個人不直接把錢給企業，故事就此結束？事實上，財

金的世界複雜多了（請見圖3-2）。

為什麼資本市場要如此龐雜？為什麼需要這麼多中間人〔像是投資銀行（investment banks）、基金、分析師〕卡在存款人與企業之間？多數人看到資本市場的混亂程度，就會認為那是一個充滿操弄的體系，充斥著想從經濟體中所有真實存在的人們身上吸取價值的水蛭。這樣的想法在金融危機爆發後，越來越盛行。在探索這個世界的過程中，我們會試圖了解財金世界為什麼如此龐雜，以及這種複雜程度是否有必要。

圖3-1	簡化版財金世界

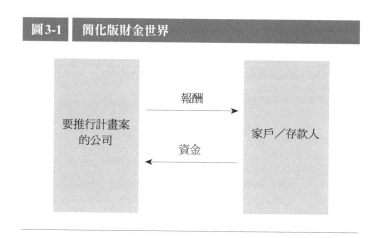

資本市場中，誰是誰？

要檢視這個龐雜的體系，讓我們以身處體系正中央的人：證券研究分析師作為嚮導。分析師的工作就是做預測，藉此評估公司價值，並提供投資人投資建議。第二章中，分析康寧公司個案的證券分析師摩爾就是在做這件事。分析師幾乎日日（有時甚至是日日夜夜）都在找人談話。我們可以從摩爾的對話逐漸摸索出財金世界的樣貌。

公司

首先、也是最重要的談話對象，就是摩爾要評價的公司（如：康寧公司）。只要獲得許可，他就會和任何可以對談的公司內部人員談話。最基本的是要與執行長和財務長講到話（如：海尼根的德布羅克斯與渤健的克蘭西），詢問對方公司什麼時候會推出新產品、制定了什麼策略與內部預測數字。基本上，摩爾就是要蒐集原始數值之外的資訊，來幫助他了解公司的營運狀況，才有辦法做預測，進而提出建議。

金融的世界絕對是有來有往，因此像德布羅克

圖3-2　真實的資本市場

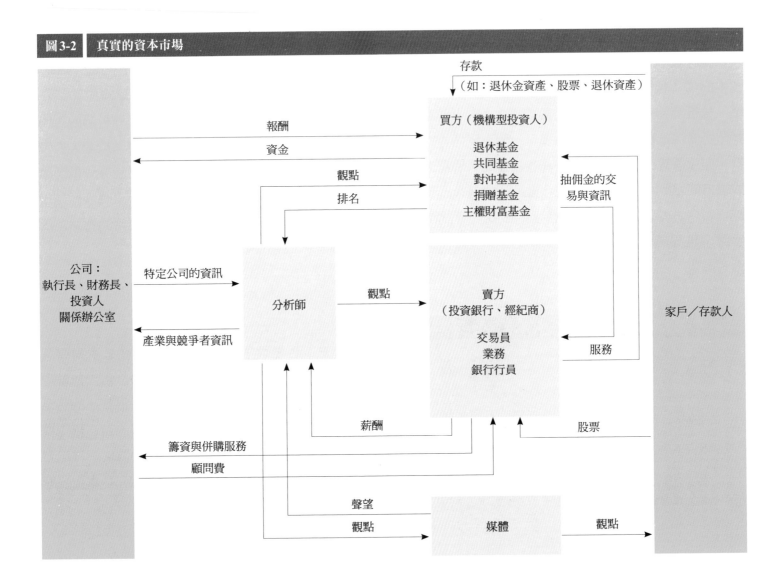

斯或克蘭西這樣的財務長也會提出問題，從摩爾身上抖出些資訊來。摩爾可能可以提供珍貴的產業知識，幫助高層更了解業內競爭狀況。像這樣的資訊交換是資本市場的重要觀念之一，通常各方往來都是以交易的模式進行，但交易未必是以資金為媒介，經常是資訊或知識的交換。

機構型投資人：買方

摩爾會把對公司的分析結果與許多投資人分享。那些投資人不是一般投資人，而是機構型投資人（institutional investors），像是思格比亞資本的明帝齊。金融圈的人會用很多不同的標籤來指涉機構型投資人（金錢經理人或資產經理人），或泛稱為「買方」（buy side）。不管怎麼稱呼，機構型投資人其實就是代表他人投資大筆資本的單位，它們會思考如何協助客戶找到資金配置的最佳方法。基金分很多種，包括：共同基金、退休基金（pension funds）、基金會與捐贈基金（endowment funds）、主權財富基金（sovereign wealth funds）、對沖基金。

機構型投資人的崛起是現代資本主義最重要的發展之一。因此，讓我們更仔細來了解各種不同類型的機構型投資人，這樣你之後遇到就不會感到陌生。隨著我們一步步看摩爾與這些投資人的互動，就會一邊揭露財金世界中最重要的幾個觀念。

共同基金。共同基金代表個人管錢，並把那些資金投資到各種不同的股、債投資組合中。來讓你感受一下共同基金的規模有多大。富達（Fidelity）和黑石（Black Rock）的各檔共同基金總共管理近10兆美元的資產。很有可能你的退休金帳戶就有投資共同基金。由於共同基金代表個人投資，而這些個人的財富等級與投資實力不盡相同，因此共同基金受到政府嚴密的監理。

共同基金對股票等風險性資產曝險，因此必須管理那些風險，而它們管理風險的方式可說是金融基礎課程的範例之一。共同基金會投資非常多支股票，而不是少少幾支，這樣就不會對單一一檔股票過度曝險。透過分散投資（diversification），可以控制風險。更重要的是，由於基金投資的股票不會同漲同跌，因此漲跌可以相互抵消，在不犧牲報酬的前提下，降低投資組合整體風險。正因為分散投資有這種讓人在不需要大幅犧牲報酬的狀況下規避風險的特

質，分散投資很受推崇。第四章我們講到如何計算風險價格的時候，會再度提到分散投資的概念。

共同基金通常會分成主動型與被動型。主動型共同基金（active mutual funds）投資組合中的股票由基金經理人挑選。被動型共同基金（passive mutual funds）〔指數型基金與指數股票型基金（ETF）〕是資本市場最重要的發展之一。這類型的基金並非由某個人主動管理，也不會由管理者試圖找尋進場時機或選擇投資現在表現不佳但未來看漲的股票。相反地，被動型共同基金單純投資所有大盤市場指數（market index）（如：追蹤全球五百家價值最高的企業股價表現的標準普爾 500 指數）的成分股，這種投資機制使得被動型基金的投資成本相對低廉。但重點不只是它們比較便宜而已。被動型基金體現了曾獲諾貝爾獎殊榮的概念：效率市場理論（efficient market theory）。該理論指出，如果所有投資人都可以取得資訊，就不可能贏過大盤，因為現價已經反映所有既有資訊。換言之，試圖超越大盤或擇時投資，長遠來看都只是徒勞。從這個角度來看，何必付大把鈔票給主動型基金經理人來做一件根本做不到的事？

針對效率市場假說有非常多的辯論，但理論的基本邏輯（長遠來看很難贏過大盤）以及分散投資就能提高報酬的承諾都已獲證實，促使被動投資方式崛起，衝擊主動型共同基金的市場。在 2011 至 2018 年間，被動型共同基金由專業投資人管理的總資產比例從五分之一提升到三分之一。光是 2017 年就有 6,920 億美元的資金流入被動型共同基金。

退休基金。這些基金是大筆資金池，代表特定公司、工會或政府單位員工的退休金資產。其中一個例子是加州公務員退休基金（California Public Employeess' Retirement System, CalPERS），該基金代表加州公務員管理總額超過 3,200 億美元的退休金。一般而言，退休金分兩種形式。在確定給付制的退休金計畫中，員工退休後可以向雇主領取退休金，那筆退休金的資金來源就是公司或組織所經營的退休金計畫，加州公務員退休基金就是這類型的退休基金。另一種退休金制度是確定提撥制計畫，是單純把錢提撥到個人退休金帳戶，並由員工自行管理的制度。許多公務員退休基金都是採用確定給付計畫，但過去五十年來，退休基金已經基本上從確定給付轉向確定提撥了，這項轉變帶動了共同基金大幅成長。

想｜想｜看

你認為下列哪一種投資組合最分散？

- Google、雅虎（Yahoo）、微軟
- 默克、輝瑞、渤健
- Google、開拓重工（Caterpillar）、默克

Google、開拓重工與默克這個投資組合是三個組合中最分散的。分散投資的目標就是要選擇不會同漲跌且風險不同的股票。舉例而言，當 Google 表現不佳，開拓重工表現可能不錯。把資金集中在單一產業的投資組合有個風險，就是同產業的股票通常會同步漲跌，如果持股分散在不同產業，可以降低同時漲跌的機率。

基金會與捐贈基金。非營利基金會與組織有時候會長時間持有並投資基金，使日常營運更為穩定。這些基金會與捐贈基金在過去幾十年來顯著成長，現在已經成為資本市場中巨大又創新的角色。像是哈佛大學（Harvard University）截至 2017 年止，就掌握了 371 億美元的捐贈基金。

主權財富基金。有超額存款（通常來自天然資源）的國家會透過主權財富基金來做投資，過去幾十年來，主權財富基金大幅成長，在投資策略上越來越勇於嘗試。挪威的主權財富基金截至 2017 年為止，已經握有超過 1 兆美元的財富。

對沖基金。最後、也是最具爭議性的機構型投資人是對沖基金。2000 至 2017 年間，對沖基金總管理資產從 2,600 億美元增加到 3 兆美元。雖然對沖基金和共同基金類似，但對沖基金的法規限制寬鬆，且槓桿度高，風控手法也不同。

許多退休基金、捐贈基金、主權財富基金都是對沖基金的客戶。由於只有專業投資人（sophisticated investors）（其實就是「有錢」的投資人）可以投資對沖基金，因此相關法規較為寬鬆，所以經理人對風險的態度較不受限制。舉例而言，對沖基金可以利用借來的資金購買股票，加大購買力。換言之，對沖基金不是直接投資客戶的 1 萬美元，而是除此之外再向經紀商借錢，可能加碼投資個 2 萬美元的總額。如第一章提到的，像這樣的槓桿操作會加大報酬。此外，對沖基金可以比共同基金持有同公司更

多的股數，因此有辦法成為公司中的激進派股東，積極為投資人推動對他們有利的政策與策略。

雖然對沖基金透過槓桿取得單一公司鉅額股數時，願意承擔風險，但它們還是會試著控制風險。毫無意外地，做法就是對沖（hedging）。對沖基金因為風險高而被妖魔化，但它們總說自己因為風險控管而較不危險。共同基金運用分散投資的方法降低風險，但依然無力抵抗大盤走勢。所以對沖基金要想辦法進一步加強風險管理。

如果一個對沖基金投資了跨國藥廠默克，它該如何控制該項投資的風險？如果是共同基金，就會多買其他股票來限制默克的占比，但對沖基金比較想把重點放在它們真正喜歡的公司。「對沖」就像你在現實生活中會想兩邊押寶。在這個例子裡，就是去做另一個和默克反向的投資，這樣在默克股價下跌的時候，就能從對沖交易中獲取報酬。在這個例子中，我們可以加入另一家藥廠：輝瑞。對沖基金會「做空」輝瑞，以控管「做多」默克產生的風險。

這是什麼意思？「做多」比較單純，就是買進股票。「做空」就比較複雜了。要放空（short selling）一間公司的股票，你得向另一位投資人借

券，那位投資人可能是共同基金，它借券給你的時候，會收取一筆費用。你一借到股票就把它們賣掉，未來某一天再買回來（希望屆時價格更低），並把股票還給一開始借給你的機構型投資人。

想像一下你在 40 美元的時候放空輝瑞，後來輝瑞跌到 20 美元。這樣算起來的投資表現如何？你先借輝瑞的股票來賣，獲得 40 美元，後來再以 20 美元的價格買回股票並返還，每股賺 20 美元。也就是說當輝瑞下跌，你就會賺錢。如果輝瑞股價漲到 80 美元或 120 美元，你就會慘賠，而且可能本金賠光都還賠不完（請見圖 3-3）。

這跟對沖有什麼關係呢？假設現在默克跟輝瑞的股價都是 100 美元，你想要做多默克，但要怎麼控制風險？如果你不希望和共同基金一樣再買其他藥廠股票或其他類股，就放空輝瑞，放空的金額跟你買默克的金額一樣。這個策略的成效會如何？

以 2012 至 2014 年間的真實數據為例（請見圖 3-4）。2012 年，默克跟輝瑞的股價走勢幾乎一致，截至 12 月止，兩者都漲了 20%。如果你在年底賣掉默克的股票並買回輝瑞的股票，你的持股部位就會剛好抵銷，就會回到最初進場時的狀況。做多的部

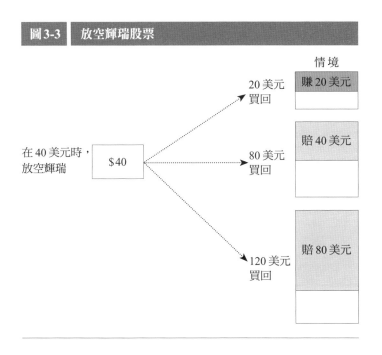

圖3-3　放空輝瑞股票

情境

20美元
買回　　賺20美元

在40美元時，
放空輝瑞　$40

80美元
買回　　賠40美元

120美元
買回　　賠80美元

圖3-4　比較默克與輝瑞的股價，2011年12月至2014年12月

每股歷史價格

輝瑞

默克

2011年12月　2012年6月　2012年12月　2013年6月　2013年12月　2014年6月　2014年12月

位（因為默克成長而賺20%）會抵掉做空部位的損失（因為輝瑞上漲而賠20%）。

再來看一下2013年的數據。2013年年底前，輝瑞比默克表現好，截至12月止，輝瑞漲了50%，默克只漲了40%。由於輝瑞上漲幅度大於默克（你做空的部位表現優於做多的部位），所以投資賠錢了。

最後再看2014年，那一年默克表現比輝瑞好，到12月的時候，輝瑞總漲幅60%，默克總漲幅70%。因為你做多的部位表現優於做空的部位，所以會賺錢。

對沖可以幫助投資人規避整體產業或市場的走勢，把特定公司的相對表現獨立出來。從這點上來看，你其實做到了風險控管，因為你只對某公司相對另一間公司表現好或壞曝險。

對沖基金經理人也會獲得附帶收益（carried

interest），這種報酬模式讓經理人也可以參與基金分紅，槓桿加上附帶收益的設計意味著基金經理人特別追求鉅額報酬，也會因此竭盡所能地尋找投資機會。舉個例子，假設一位基金經理人要預測傑西潘尼（JCPenny）這次節慶的銷售表現，他不會只像第二章提到的，去找摩爾這樣的分析師對話，或是建立試算模型，而是會進一步做研究，像是在黑色星期五（Black Friday）折扣日當天，設法取得傑西潘尼停車場的衛星照片，提早嗅出該店本季的績效，或是雇用退役的反情報員來驗證公司高層發出的聲明是否可信。如果對沖基金選擇做空某一檔股票，它甚至會不惜攻擊該公司。這些激進的做法吸引到一批欣賞他們的支持者，但也引來反對聲浪，批評對沖基金攻擊企業的行為很陰險。

像摩爾這樣的證券研究分析師會把自己的觀點和各種機構型投資人分享，但這些分析師能從中得到什麼好處？機構型投資人不會直接付錢給分析師，相反地，他們會依據分析師出具的建議對分析師進行評分和排名。評分結果與分析師的薪資息息相關，榮獲第一名的分析師薪水可能是第十名的好幾倍。

總結來看，上述機構型投資人構成了「買方」，也就是一群累積資金的組織，資金大多來自個人，交由這些組織在金融市場上購買資產。買方要跟誰買東西？共同基金經理人一般不會直接找上企業，向它們買股票。要買股票，它們會聯繫「賣方」（sell side）的人。

賣方

證券分析師薪水很高，但我們到現在還沒講到任何人付錢給其他人，所以錢在哪裡？像摩爾這樣的分析師通常是在屬於賣方的投資銀行工作。在銀行中，證券分析師會跟三類客戶交談：交易員、業務員、投資銀行行員，就他們負責的公司提供相關觀點。

交易員

交易員（traders）也稱為造市者（market makers）或經紀商（broker-dealers），他們要確保各種金融商品都存在買賣雙方，賺的錢大多來自於買賣價差（bid-ask spread）。買價（bid price）就是投資人願意為一股股票付出的最高價，賣價（ask price）

設立於紐約市的對沖基金，思格比亞資本創辦人明帝齊評論對沖基金的商業模式：

思格比亞資本的基本投資哲學是我們應該要有能力在任何時刻都找得到好的做多與做空標的，多空部位之間的報酬落差就是我們的收益來源。我們不追求短線交易，也不會因為季度盈餘高就投資某間公司。

我們始終相信在任何市場環境中，都可以找到價格被嚴重錯估的股票，可能是高估也可能是低估，讓我們建構做多或做空的價值投資組合。我們自稱是市場中立基金（market-neutral fund），也就是說我們對股市的淨曝險趨近於零。一般而言，市場中立基金需要仰賴量化操作，因此往往是用量化演算法挑選一組股票，演算法會

提出二百至三百個被低估、可以做多的提議（不管選擇標準是什麼），並提出另外數百個不管出於什麼原因被高估的股票。目標就是要善用那個投資組合在各處擠出小小的報酬落差，藉此創造有趣的收益流。

在思格比亞資本，我們試著維持較集中的投資組合，大概是二十至二十五個多頭部位，搭配三十到四十個空頭部位。多頭部位是我們深入研究後，挑選出來價格被嚴重低估的公司，而空頭部位則是深入研究後發現價格被嚴重高估的公司。我們看到的投資機會就源自於我們對那些公司的未來展望預期。

則是賣家願意賣出的最低價。買方不會直接付錢向分析師購買報告，而是選擇與他們看中的分析師合作的經紀商進行交易，分析師再向經紀商收取交易佣金。這是一種買方向證券分析師表達肯定的方法，但這些年來佣金一直被壓縮，所以在一大塊拼圖中，佣金只是相對微小的一部分。

不過即使佣金下滑，經紀商處理交易還是很賺錢。如果你曾經去過交易所就知道交易員做的是短線操作，最重要的只有大型機構投資人的決定。對交易員而言，那些投資人的交易活動是珍貴資訊。大型基金進場了嗎？還是在脫手？這些都是很重要的資訊，因此好的證券研究分析師會確保交易員能知道交易流

賣空很邪惡嗎？

空是一項具爭議的事情，且衍生出許多問題。因為公司表現差而獲得好處恰當嗎？還是純粹是件邪惡的事情？我們應該禁止做空嗎？

雖然有這些疑慮，做空的賣家在市場上還是有正面的一面，因為他們通常會點出表現不好的公司發生了什麼事。舉例而言，安隆（Enron）和世界通訊（WorldCom）兩家涉入史上最大企業治理醜聞的公司之間的非法勾當，正是由做空賣家發現的。由於做空賣家有動機去找到公司的問題、弱點和矛盾說法，因此會看見其他人沒發現的東西。在這個情況下，也可以說賣空是促進社會向善的動力，而非邪惡的操作。

動的狀況。

業務員

業務員的工作自然就是負責販售金融工具給買方投資人。分析師可能會直接與大型機構型投資人對談，但業務員會負責把分析師的觀點分享給更廣大的群眾知道，更直接拉攏買方。業務員可以獲得佣金也會創造交易流，但最大筆的資金並不在此。

投資銀行行員

你在貸款、存錢的時候，會和商業銀行行員互動。投資銀行行員和他們不同，投資銀行行員為企業服務，那些企業可能想籌資或是買賣營運資產。投資銀行幫助企業進行籌資活動以取得新的資金，像是首度公開發行（initial public offerings, IPO）、發行股票、發債。投資銀行的併購部門（mergers and acquisitions, M&A）則幫助企業出清或購入事業體。事實上，投資銀行就是企業的經紀人（brokers）。IPO 和 M&A 都超級賺錢，權益籌資的費用可能高達 IPO 總承銷金額的 7%。M&A 的顧問費則可能接近 1%，因此一筆 100 億美元的交易就可以帶來 1 億美元的收費。和這些費用相比，其他交易收入大多顯得微不足道。

媒體

摩爾最後一個對話對象會幫助他把觀點放送給更多人。證券研究分析師運用媒體〔如：《華爾街日報》（*Wall Street Journal*）、CNBC「財經論壇」（Squawk Box）、彭博電視台（Bloomberg TV）〕向廣大的閱聽觀眾分享觀點，受眾包括會直接進行投資的家戶。分析師通常會評論最新的市場發展，並利用上節目的機會分享他們對一家公司的整體看法。

證券分析師的行為動機

了解像摩爾這樣的證券分析師和誰、進行什麼樣的對話，可以一窺資本市場的樣貌，繪製出圖3-2。分析師談話的對象是需要資金的公司、集結家戶資金的買方、為股票及公司協調出市場的賣方、財經媒體。其實證券研究分析師就位處資本市場的核心位置，而資本市場又對資本主義而言至關重要，因此值得了解一下在資本市場中心位置的這些個人，有哪些行為動機。了解他們的動機才能弄清楚資本市場中

這群薪水超高的人才靠什麼賺錢，以及他們是否真的有那個價值。

如前所述，分析師的薪水有很重要的一部分來自買方採用的評分排名體制，買方利用評分方式指出哪幾位分析師的建議最有用。排名造成分析師的勞動市場就像一場錦標賽，最強的分析師待遇超好，排名差的分析師就不太好過，只要排名下降，薪水就會大減。分析師怎麼取得好的排名？既然排名是王道，那麼分析師理論上就該用他們的努力與創意盡可能提供買方最好的分析。簡單來說，分析師應該全心把工作做好。如果事情有這麼單純的話，我們就可以放心信任資本市場運作得毫無問題。

但證據卻顯示分析師有所偏見，而且經常偏頗得很嚴重，往往太過正向。也就是說，分析師很少會提出「賣」（sell）的建議，「買」（buy）的建議則多地不成比例。為什麼？

想想看，分析師對某支股票提出負面報告，指出公司價值被高估的時候會發生什麼事情？最終投資人會感謝分析師說實話，給他很高的評分，但除此之外呢？首先，那間公司的執行長與財務長鐵定不高興分析師對他們沒信心，可能會因此故意不跟他們

互動或在下一次法說會上拒絕回答他們的問題，藉此將出具負評的分析師摒除在外。如果執行長和財務長真的非常生氣，甚至可能會打電話給分析師的投資銀行同事，暗示未來有併購或籌資需求的時候，不會跟他們合作。考量到收益來源的規模差異，失去這個客戶的後果恐怕不堪設想。因此，分析師非常難開口說「賣」，而是會說「與大盤持平」（market perform）或「中立」（neutral），那其實就是「賣」的意思。

評分系統本身也帶來其他問題。任職於名不見經傳的投資銀行的年輕菜鳥分析師會如何在市場闖蕩？原本就一無所有的他們常常會講出瘋狂、極端的話，如果說中了，就會因為他們的勇敢而排名驟升，如果猜錯也沒差，反正本來也沒人在乎。

排名高的分析師則有另一種通病。如果你是第一名的分析師，要怎麼確定第二、第三名永遠不會超越你？你得刻意跟從他們的意見。如果你提出的預估盈餘恰好是第二、第三名分析師預估的中間值，那麼你被他們取代的機率就不高。而這種人云亦云的做法恰恰不是分析師該做的事。

總而言之，位處資本市場核心的那群人行事動機比我們預期的複雜多了。如果分析師唯一的目標就是努力把工作做好，世界會很美好，但很遺憾，實情並非如此，分析師傾向出具過度正面意見，有些會緊貼其他分析師的觀點，還有一些會提出極端意見。

希望你現在再看一次圖 3-2 的內容，已經可以真切了解資本市場的盤根錯節。但這些複雜的情況還有一個核心問題沒有解答：為什麼這些位處核心地位的人可以賺這麼多錢？他們做的事情有價值嗎？為什麼像你我這樣擁有資金的家戶不能直接去找需要資金的公司，直接省去中間的一切？為什麼財金的世界就不能簡單一些呢？

資本市場的核心問題

回顧圖 3-2 的繁複內容可能只會讓你更質疑資本市場的價值。看起來金融的存在純然就是為了從企業與存款人手中榨取價值，而那些人才是組成「實體」經濟（"real" economy）的人。因此，現在就讓我們來看看資本市場是不是真的解決了什麼深入、複雜的問題，以及那個問題會是什麼。為什麼要把存款人跟

公司連結起來這麼複雜？

資本市場（和財金領域多數的事物）到底解決了什麼深入的問題？讓我們先回答一個比較簡單的問題：我們作為投資人想了解關於公司未來的資訊，誰擁有那些資訊？顯然是公司高層。但當公司高層分享那些資訊的時候，我可以相信他們嗎？問題就是我們未必可以相信經理人的話。他們有求於我們，需要我們的資金，因此可能會為了拿到錢而說謊。沒有能力用可信的方式分享資訊的情況，就稱為「資訊不對稱」（asymmetric information），那就是圖 3-2 中，中間的那一大群人試圖解決的、深入而難解的問題。雖然有些財務長（像是克蘭西和德布羅克斯）是好人，但也總有些財務長會為一己之私而隱瞞事實。

在訊息完全流通的世界裡，資本市場相對單純，只要把資源彙集起來並訂定風險價格（在第四章會再次提到）即可。但在資訊不對稱的世界裡，資本市場就得在你不知道該相信誰的時候，想辦法分配資本。圖 3-5 中的雲朵代表了資訊不對稱的問題。

真實世界觀點

渤健財務長克蘭西評論資本市場：

買賣雙方都扭曲了許多事情。我們互搶投資人與資本。我們為大家創造退休存款，那筆錢的主人想把存款交給下一代，或是拿來投資並匯給孩子。我們相互競爭，希望大家可以把退休金帳戶與教育帳戶內的錢交給我們處理，而他們有許多不同選擇。

資本市場的問題體現的是一個更廣泛的問題：代理人問題（principal-agent problem）。在古早時代，許多個人無論是從事貿易或農業，都是為自己工作，事業歸自己所有，也由自己管理。在現代資本主義的世界裡，企業規模成長了，業主不再是管理者，現在的業主（委託人）要監控管理者（代理人）以確保他們沒有亂來。所有權與控制權的分拆造成了企業治理的問題：股東如何確保管理者為他們的利益而努力？金融的重點就是在試圖解決這層監理問題。

舉例而言，某間公司的執行長在考慮進行一樁大型併購案。她向公司業主分享她對於併購標的公司

圖3-5　資訊不對稱的問題

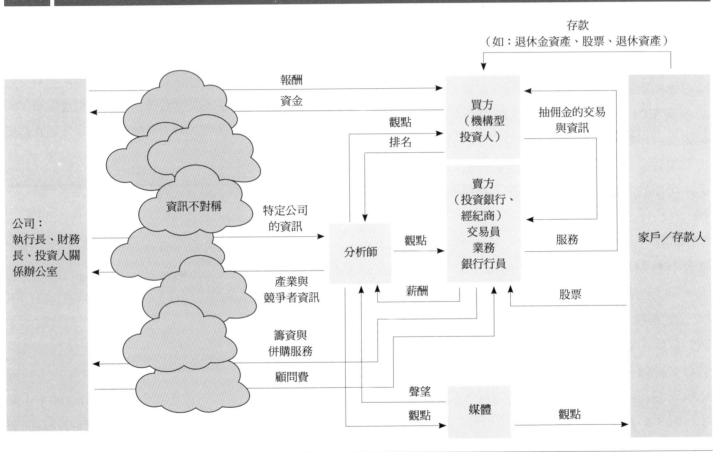

的預測，並向公司提出建議，表示這樁併購案是門好生意。但如果她的最終目的只是為了讓自己來日能夠經營一間更大的公司，而帶領這樁可以帶動企業轉型的併購案可以提升她在執行長圈內的地位呢？如此一來，她就可以換到一份薪水更高、名望更好的工作了。那麼這樁併購案到底是公司的一門好生意，還是是執行長本人的一門好生意？關於總部遷址的提案又是如何？真的是像執行長說的要吸引人才？還是只因為高層除了領薪水，還想在公司內享受五星級健身設施與媲美四季飯店（Four Seasons）早餐自助餐的餐點？

公司與金融市場的互動，全部都會遇到這類問題。執行長提出的數字略低於盈餘預期，並推託是天氣不好導致的失誤。真的只是這樣嗎？還是這項錯誤是公司開始邁向衰亡的訊號？投資人的猜疑，解釋了為什麼公司盈餘未達預期時，就算只差一點點，股價也會重挫，因為未達預期的情況可能不會一季就止步。問題出在對公司的不信任與資訊不對稱。當公司執行長以「一般性投資組合再平衡計畫」（normal portfolio rebalancing plan）為由，宣布要出脫部分持股時，她說的可能是實話，但事實就是有個對這家公司前景了解遠勝於你的人，決定要賣掉這家公司的股票。這可能是個值得警惕的訊號。

管理者與公司業主之間進行的溝通遊戲非常複雜，在這場遊戲中，管理者發出的各種訊號都會被外界在私下以懷疑的眼光重新檢視。對公司而言，資訊不對稱的問題也可能影響它們決定究竟要用股票、債，或公司自己產生的獲利來取得計畫案所需的資金。舉例而言，如果公司決定以股票籌資，投資人可能會心生疑竇。如果計畫案這麼好，為什麼要發行新股？問題來了：如果擁有公司的人對未來很有信心，為什麼會願意和其他人分享甜頭？為什麼不用舉債的方式來把這些好處留給自己？這就是為什麼發行股票通常都會造成股價下跌。並不是因為股權被稀釋或會計上的爭論，而是因為發行新股會散發出負面信號。對部分投資人而言，這種做法感覺是公司不願意向內籌資推動計畫案，因此代表該計畫並不如表面所見的美好。這導致發行股票成為成本最高的籌資方式。

舉債好像好一點。雖然公司還是仰賴外部資本投資人，但至少沒有犧牲所有權。然而，只要公司向外尋求資金挹注，投資人就必定會想知道原因。最好的籌資方法就是運用自有資金，才不會引發任何資訊

上的成本，只是資金可能有限。

最後一個要思考的是股票回購（stock buyback）這個日益重要的現象，我們會在第六章詳述。當執行長宣布進行股票回購，就是在暗示投資人她認為股價被低估了，這是為什麼股票回購通常會被視為正面消息。同理，原因也不是因為流通在外的股數減少，而是因為股票回購的做法發送出強而有力的信號，代表比投資人知道更多資訊的管理者對公司有信心。

揮之不去的代理人問題

如果財金世界的存在就是要改善代理人的問題，那麼效果如何？看到層出不窮的企業治理危機，很容易就可以得出結論，就是金融市場沒有發揮應該發揮的作用，導致承諾無法兌現。但首先，很重要的一點是要想想我們如何加強企業治理。如果這個世界歸你管，你會如何解決這個問題？

有幾種可能性。第一，如果管理者說了謊，能不能加重懲處？這個提議很誘人，但結果可能造成管理者三緘其口，反而加劇了資訊不對稱的問題。第

二，我們可以提高管理者薪資中的股權薪酬（equity compensation）占比，如此一來他們就會順著業主期待的方向行事。過去幾十年來，股權薪酬日益普及，但問題也跟著浮現。管理者可能因此更強調短期績效，並在高點賣出手中持股。我們能不能在管理層之上，再建立一個董事會（board of directors）來監理管理者並代表股東發聲？好，那麼董事會成員會由誰來選？通常就是管理者自行決定。而且，他們可以和其他執行長相互擔任對方公司的董事會成員，讓狀況更為複雜。各種解方不但可能無法緩解問題，說不定還會加深問題。

最後一種方法是讓私募股權基金有效取代零散業主，改由一個大業主仔細監控管理者，並運用槓桿操作來限制管理者。但私募股權（private equity）也有自己的問題，就是那些投資人實現獲利的方法，是在資本市場上發行股票，因此會想盡辦法在公司上市前美化公司情況。

希望這有幫助你了解資本市場上的其他活動。對沖基金通常會以激進投資人的角色參與，試圖說服管理者做出巨大改變。他們往往會被抹黑成惹是生非的討厭鬼，但或許，市場上某些導致管理者擁有過

大權力的偏頗狀況，正需要有這些人才能修正。或許那些為人詬病的做空賣家也沒那麼邪惡，而是一群英雄，抵擋管理者與分析師創造過分樂觀的氛圍的趨勢。上述說明也讓你看到資本市場並非完美解決代理人問題的方法，但要找到減緩代理人問題的做法一點也不容易。現代企業規模大，因此所有權和經營權必須分離，這就代表代理人問題不可能消失。這是金融如此迷人的原因之一。

如果身為執行長或財務長，清楚了解資本市場的這些問題，會對你經營企業、和資本市場溝通的方式產生哪些影響？執行長和財務長必須管理他們在資本市場上的信用程度，因為失去投資人的信任是一個非常嚴重的問題。因此，大開支票是件格外危險的事情。但同時，如果承諾做得太保守，或表現遠超乎預期，又會讓投資人開始期待令人驚喜的績效表現，你卻無法滿足那份期待。

二手車市場

資訊不對稱和信號現象（signaling）不只出現在資本市場，日常生活中也常遇到類似情況。

想想二手車市場。假設你去找福斯汽車（Volkswagen）的經銷商，花 5 萬美元買一台新車，幾天後你決定不要那台車了。你把車拿去賣，可以賣到多少錢？答案十之八九遠低於折舊後價值（約 49,999 美元）。賣價大概會比較接近 45,000 美元或 40,000 美元，為什麼？因為潛在買家會有所懷疑，認為你沒有完全揭露車子的問題，畢竟你是對那台車瞭若指掌的人，而你就是賣家。為了回應對方的疑慮，你得調降價格，直到買方因此願意接受風險為止。

情況可能變得更糟。試想有些人要賣的真的是好車，只是要搬家才不得不賣車，但也有些人手上要賣的其實是一部爛車，想賣給不疑有他的人。當買家把開價降低到 45,000 美元或 40,000 美元，會如何？答案是，想賣好車的人會覺得：「我不想再待在這個市場了」，然後就退出這個市場。二手車市場的平均品質下降。買家進一步殺價，又有更多好車的車主離開，導致市場崩解。這就是為什麼資訊不對稱的問題破壞力這麼大。

我們剛剛探究了資本市場並學到幾個基本概念，以下三個投資實例將體現那些概念。我們要再次回顧鴻海夏普廠房投資案的結果，考量一起對線材製造商的短期投資案，並檢視摩根史坦利私募股權部門的一樁槓桿收購案。

鴻海夏普與堺廠

在第二章的案例分析中，我介紹了夏普的堺廠。堺廠是一間專門建來製造電視用大型玻璃顯示器的廠房，夏普砸大錢蓋新廠的決策並不明智，事實也證明該決策站不住腳，最後由鴻海董事長郭台銘用個人名義購入堺廠持份。這個故事還有一些有趣的波折，正是代理人問題的實例。

鴻海專門為蘋果、微軟等公司組裝玻璃顯示器。董事長郭台銘 2012 年 3 月宣布對堺廠的投資時，同時宣布鴻海要買下夏普 8 億美元的股份，此舉將讓鴻海成為夏普最大股東。

當分析師摩爾從其中一位客戶口中聽聞此消息，他感到很不解。他在職場的這些年，持續追蹤鴻海。鴻海是一間以不透明聞名的公司，而這次的雙重交易令人困惑。為什麼鴻海要買下夏普大量股票，同時董事長又用個人資產購入堺廠 46% 的持份？

如果兩項交易都順利完成，鴻海就會擁有夏普，與此同時，夏普又要把某項資產賣給鴻海董事長。如同我們在第二章提到的，堺廠賣給郭董時的成交價格是個跳樓拍賣價，使郭董從中獲得大筆價值。但那筆價值從何而來？事實上，郭台銘是從夏普的股東手上獲取價值，但夏普的股東又包含鴻海，那正是郭董自己的公司！市場評論員推測鴻海投資夏普的保證，只是為了促成郭董以超低價買下堺廠。

兩樁交易案公布後，由於夏普將廠房賣給郭董時，獲取的收益太少，導致股價下跌，而且跌跌不休。鴻海試圖再議價，想談成更低的價格，議價破局後，鴻海撤回收購提案。但鴻海董事長依然維持他個人的投資協議，並取得堺廠大量持份。

你對郭台銘的行為有什麼想法？答案取決於你對堺廠的看法。如果你同意該廠極具價值，那麼表示郭董實際上就是準備好向鴻海股東提取價值。鴻海

身為夏普的主要股東，卻給自家董事長一個開價過低的資產，把夏普值 32 億美元的資產砍到剩下 17 億美元，那可是一筆划算到難以置信的交易。換言之，為什麼不讓鴻海股東享受堺廠這椿好生意？這是比較暗黑的想法。另一方面，如果你覺得堺廠風險高，那就是董事長自掏腰包去保護自己的公司，避免公司承擔額外風險。

賣空貝卡爾特公司

2010 年，明帝齊的對沖基金思格比亞資本決定賣空貝卡爾特（Bekaert）這間鋼絲製造公司。思格比亞資本深入研究鋼絲產業後，認為貝卡爾特的盈餘相較於歷史數字而言太高了，原因是該公司製造的是工業機械用的子午線輪胎所需的鋼絲，當時大部分的企業都把重點放在住宅用電線，讓貝卡爾特成為少數經營工業市場的公司。這樣的背景讓貝卡爾特的超高盈餘不太可能持續下去。明帝齊相信，隨著其他競爭者踏入工業市場，貝卡爾特的盈餘就會回到產業中間值。

思格比亞進一步檢視數字後發現，公司盈餘在 2006 至 2008 年之間穩定成長，之後因為受到全球金融危機衝擊而下滑。問題是，成長力道會再回來嗎？分析師都認為會。下一步是要找出競爭者，並衡量它們的狀況。思格比亞找到幾間中國企業，那幾家公司都打算進入貝卡爾特所在市場，爭取利潤最高的客層。

為了要了解貝卡爾特是不是有辦法維持高利潤率，你需要知道中國競爭對手的哪些資訊？

思格比亞團隊的兩位成員拜訪了那些中國公司，想找出以下問題的答案：

- 他們對於新建鋼絲廠有什麼預期？
- 他們的預期利潤率是多少？

和公司代表談話後，思格比亞資本的分析師研判那些企業對未來獲利的預期遠低於市場預期。

得到這項資訊後，思格比亞的分析師就推論出貝卡爾特的股東注定會被嚇一大跳，只是不確定時間點。當其他人在討論這個產業的成長會持續或停止，思格比亞發現更糟糕的事實：盈餘將會減半。明帝齊回顧：「在貝卡爾特的案例中，我們看出這個產業

會回歸正常的利潤率。該產業過去一直享受過高的報酬，但當時要準備邁向正常的環境了。」因此，思格比亞資本決定放空貝卡爾特的股票。

如果放空貝卡爾特的股票，你會面臨哪些風險？

圖 3-6 呈現貝卡爾特 2006 至 2013 年間的股價走勢。2010 年下半年股價上漲，反映的是市場終將無法延續的樂觀心態，明帝齊希望可以藉此獲利。雖然思格比亞的預期最終證實是正確的，但它們放空的時間點太早了，因此必須忍受一整年的損失，那一年間，貝卡爾特股價成長了 30%。明帝齊說：「那並非我們的初衷，我們並不希望提出讓自己先如此痛苦才能賺錢的構想。但因為我們做了那麼多研究，也確信這個產業最後的基本樣貌，因此有辦法等待風暴過去。因為我們確定那不是永久性的趨勢。」

你可以想像對思格比亞而言，看到貝卡爾特的股價第一年狂漲還維持在高點，眼睜睜看著投資理論被打臉有多痛苦。放空操作有可能帶來無限損失，因為股價可以持續上漲，可能將投資人困入軋空（short squeeze）狀態，在那個狀態下，放空者被迫在股價持續走揚的情況下，買回股票。明帝齊的

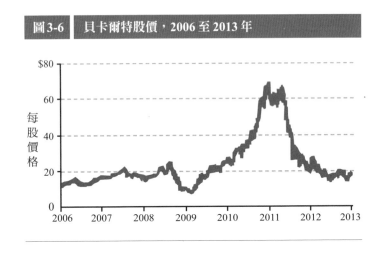

圖3-6　貝卡爾特股價，2006 至 2013 年

分析與堅持讓思格比亞可以繼續看到他們的投資理論走到終點。

槓桿收購托普斯友好超市

2007 年，摩根史坦利私募股權部門收購了「托普斯友好超市」（Tops Friendly Markets）這間位於紐約上州的連鎖超市，收購方式採取槓桿收購（LBO）。私募股權公司會借錢買公司，改善營運狀

況之後再上市或者賣給策略型買家，槓桿操作可以大幅提高它們的報酬率。

摩根史坦利抓緊機會買下托普斯友好超市的原因有幾個。第一，托普斯友好超市的母公司是皇家阿霍德（Royal Ahold）這間荷蘭零售集團。集團希望在 2007 年之前清掉所有資產負債表上的美國資產，因此急著要脫手，會把重點放在賣出時間，而非想辦法賣到好價錢。在這種情況下，公司管理者可能會因為想更快賣掉資產而有些不理性。

由於皇家阿霍德很匆忙，原本在托普斯友好超市的管理團隊應該會跟著母公司走，這就讓摩根史坦利得以指派新的執行長。他們選擇在皇家阿霍德收購托普斯友好超市之前，曾領導托普斯友好超市五年的法蘭克‧克西（Frank Curci）回鍋，因為摩根史坦利的團隊認為克西的知識與專業，可以幫助團隊將公司的經營狀況拉回過去的水準。

任職於摩根史坦利的瓊斯表示，托普斯友好超市最吸引人的特點就是它是「標準的企業孤兒」（classic corporate orphan）。因為皇家阿霍德總部在地理上距離托普斯友好超市的店面非常遙遠，因此管理困難，這是很常見的問題。所以即使托普斯友好超

市的營業利潤率（operating margins）和資本報酬率比其他經營超市的同業低得多，摩根史坦利認為，只要改善管理，就可以讓公司再次蓬勃發展。下一步就是要看金融數字與亟需加強的重點項目。摩根史坦利團隊決定三管齊下：改變定價策略、加強科技、重新吸引顧客回流。

當時，托普斯友好超市面對兩個截然不同的競爭對手：沃爾瑪和威格曼斯（Wegmans）。沃爾瑪是低端連鎖量販店，威格曼斯則是區域型的高端雜貨連鎖店。托普斯友好超市不可能在價格上贏過沃爾瑪，因此一開始團隊就決定要讓托普斯友好超市的定位在兩間競爭者中間。也就是要採取較傳統的、高低價超市模型（high-low supermarket model），讓麵包這種一般商品用有競爭力的價格賣，但其他商品價格就訂得高一點。團隊認為這種定價方法將是托普斯友好超市成功的關鍵。

克西很快就察覺到托普斯友好超市已經與顧客脫節。舉例而言，許多托普斯友好超市的店面都位在紐約西邊的水牛城一帶，那裡是水牛城辣雞翅的發源地，但超市內居然沒賣這種辣味炸雞。他認為這種現象反映的是公司忽略了一項基本零售原則：給顧客他

們要的東西。同時，那也代表托普斯友好超市需要更善用科技。舊系統使得原本的管理團隊無法針對顧客需求與存貨改變作出調整，導入新的銷售點終端科技（point-of-sale technology）之後，托普斯友好超市就可以更符合當地消費者的需求。由於當地客人多數手頭都不寬裕，托普斯友好超市換掉精緻美食，改提供較基本的食品。出於這樣的想法，克西在摩根史坦利將各店面納入全面資本支出計畫後，放手讓各門市店長負責做銷售決策。這一步至關重要，因為這讓店長可以快速回應當地需求與波動，使得托普斯友好超市成功站穩沃爾瑪與威格曼斯之間的市場定位。

為了要成功達到出售托普斯友好超市的目標，摩根史坦利團隊預估它們必須借更多錢，加大槓桿，結果會使托普斯友好超市的負債占資產比重達到96%。這麼高的槓桿度很少見，對摩根史坦利而言也存在高風險，但經過多重分析，與管理團隊密切合作，並雇用顧問評斷債務這麼高的情況下，公司能否生存下去，摩根史坦利決定進一步舉債。其中一個讓團隊可以較輕鬆做出這項決定的原因在於，超市的存貨週轉速度非常快，因此創造現金流的能力很強。

拉大槓桿度之後，還有 3,000 萬的股份。由於托普斯友好超市高層在帶領企業回春上做得非常出色，因此摩根史坦利給他們認股的機會。最後，摩根史坦利賺的錢大約是原始投資額的 3.1 倍。托普斯友好超市的管理團隊可以獨立經營各家門市，而托普斯友好超市也因為這起收購案而蓬勃發展。

小測驗

請注意有些問題的答案不只一個。

1. 你是一名對沖基金經理人，並且相信通用汽車（General Motors, GM）未來一年的表現會很好，特別是會比福特汽車這家競爭車廠表現得更好。你現在要設定一筆交易，假如你的預測正確，下面哪一項投資策略會幫你賺錢？

   A. 做多通用汽車，放空福特汽車
   B. 做多通用汽車，做多福特汽車
   C. 放空通用汽車，做多福特汽車
   D. 放空通用汽車，放空福特汽車

2. 分散投資的主要好處是什麼？

   A. 提高你的投資組合相較於報酬的風險
   B. 降低你的投資組合相較於報酬的風險
   C. 同時提高你的投資組合的報酬與風險
   D. 減少你的投資組合中股票的檔數

3. 當公司公布盈餘只比之前的預期短少幾美分時，為什麼股價會大跌？

   A. 就算只是幾分錢，乘上數百萬股也可以帶來極大差異
   B. 會計盈餘不精確
   C. 像這類盈餘未達預期的狀況，代表未來股權可能被稀釋
   D. 投資人無法確認公司盈餘未達預期是因為湊巧或運氣不好，還是代表公司管理層試圖掩蓋更深層的問題

4. 你發現陶氏化學這間跨國化工企業是一個很值得投資的機會，因為它相較於同業價格被低估了。為了在陶氏化學表現優於同業的時候賺得更多，你應該放空以下哪一家公司？

   A. 跨國化工廠與藥業：拜耳（Bayer）
   B. 航空公司：英國航空
   C. 提供紐約市電力的電力公司：聯合愛迪生（Consolidated Edison）
   D. 不選擇任何特定公司，而是透過分散投資來得利

5. 下列何者是不好的動機的例子？

   A. 投資人想賺錢，因此投資狀況好的公司

B. 分析師不敢出具「賣」某公司股票的建議，因為
那間公司未來可能就不會與分析師的雇主做生意
了

C. 執行長讓公司承受極大風險，因為他們的個人財
富有很大一部分仰賴認股權

D. 退休基金投資高品質的公司，因為希望好好照顧
退休者

6. 大部分的證券研究分析師都受雇於（並由對方支
付薪資）：

A. 個人家戶

B. 產業內企業

C. 賣方公司

D. 媒體

7. 目前證券分析師的一般報酬模式與產業結構可能
造成哪些結果？（請選擇所有適切的答案。）

A. 分析師會努力提供精確的公司評價結果

B. 排名佳的分析師可能會選擇和其他分析師類似的
評價結果以向對方「靠攏」，藉此維護既有排名

C. 分析師永遠都會建議「賣」，才能透過賣空來賺錢

D. 排名差的分析師可能會提出古怪、標新立異的預測，
希望運氣好的話就能一口氣衝到前段班

8. 2012 年，臉書上市，並首度出售 4.21 億美元的
股價到公開市場。資本市場中，哪一個角色會幫
忙臉書賣那些股票？

A. 分析師

B. 買方

C. 賣方

D. 媒體

9. 1989 年，私募股權公司 KKR 參與了著名的雷諾
茲－納貝斯克集團（RJR Nabisco）交易案。KKR
做了什麼？

A. 代表企業投資私人退休基金

B. 買下企業、改善營運，再出售給其他私人投資人
或公開市場

C. 將數千名投資人的私有權益資產集結在一起，並
將資產分散投資到各種不同的資產中，組成一個
投資類型廣的投資組合

D. 將公司債券推薦給有興趣投資的私人投資者

10. 《橘子蘋果經濟學》（*Freakonomics*）作者史蒂芬·李維特（Steven Levitt）和史蒂芬·杜伯納（Stephen Dubner）指出，專業房仲賣自己的房子時，價格平均比賣別人的房子高10%。這種現象可能體現了資本市場中的哪一種問題？

A. 買方問題
B. 董事會監理問題
C. 人云亦云的從眾問題
D. 代理人問題

章節總結

希望你走過這段旋風資本市場之旅後，會覺得機構型投資人、分析師、投資銀行家的複雜世界看起來沒那麼神祕了。許多人認為財金世界卡在存款人和企業的中間，就是一群從實體經濟吸取價值的水蛭。然而，即使沒有完美解答，資本市場仍試圖解決資本主義中深層的問題：業主不再自行管理公司造成的代理人問題，使監理與溝通變得困難的資訊不對稱問題。因此，可以清楚看到金融的重點不在錢和現金，歸根究柢要看的是資訊與動機。

牢記資訊不對稱和代理人這兩個問題，你就更能看懂網飛訂閱戶數才差預期一點，就造成股價重挫的原因。任何預料外的事情都可能使公司付出高昂成本，因為未達預期這件事情，會加劇投資人對管理者的不信任。此外，你也可以看出佩爾茲和百事公司高層間的鬥爭，就是激進派投資人想確保經營層為股東最大利益服務。然而，佩爾茲個人的規劃未必與其他股東一致，這是另一個動機問題。

現在我們已經檢視了資本市場核心的資訊問題，再來就可以看更大的問題：公司值多少錢？我

們接下來要看看公司如何創造價值、如何衡量公司價值，以及公司如何在自身籌資成本的基礎上，做出投資決策。

第四章

如何創造
價值

風險、昂貴的資金與價值來源

我們在第一章提到，公司管理者的重要目標之一，就是要為股東創造價值。但什麼叫做「創造」價值？又要怎麼做到？讓我們來看兩個極端的例子，進一步了解價值如何被創造或摧毀。先看創造價值的實例：過去三十年來，蘋果的股價走勢（請見圖4-1）。

如同你在圖中看到的，蘋果上市之後，幾乎沒有為股東創造什麼價值。公司存在，但就跟不存在沒什麼兩樣。儘管蘋果確實卯足全力和IBM與微軟競爭，但從創造價值的角度來看，根本是毫無進展。

2000年代初期，情勢顯著轉變。蘋果開始創造價值，而且是創造很高的價值。2018年上半年，蘋果股票市值就突破1兆美元。是什麼改變了？蘋果調整了哪些做法才成功扭轉命運？簡易版答案是蘋果推出新一代的產品，包含iPod、iPhone和iPad。但或許更應該問的問題是，為什麼蘋果可以靠著iPhone成功創造價值，但多年來費心打造的麥金塔電腦（Macintosh）卻做不到？

那麼相反的例子：摧毀價值又是怎麼一回事？這就要看到雅芳（Avon Products）這間美妝產品公司從2009年1月至2018年10月的股價圖了（請見

圖4-2）。

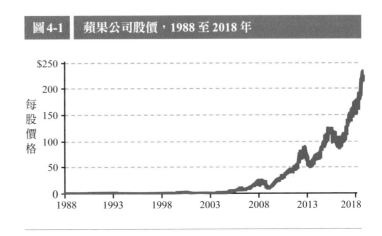

圖4-1　蘋果公司股價，1988至2018年

圖4-2　雅芳股價，2009年1月至2018年10月

在那九年間，雅芳股價狂瀉 90%。為什麼？未能創新又無法建立能夠永續發展的商業模式顯然是箇中原因，但一間公司的價值怎麼會一夕之間幾乎全部蒸發？

這兩個創造價值與摧毀價值的極端案例，顯示出兩個重點：第一，創造價值不單純也不直接。第二，也是殘忍的現實，就是財金很難，有時候就連最優秀的證券分析師和投資人也會出錯，導致雅芳的價值連續好幾年被高估。投資人一發現自己搞錯了，價值立刻下跌到能反映雅芳真實價值的水位。

在本章，我們要更仔細檢視企業如何創造價值並盡可能提升價值。其中尤需注意的一點是，創造價值的方法環繞著昂貴資金的概念。公司的管理者就像管家一樣，管理股東與債權人託付管理的資金，因此必須考慮資金的成本，就算是隱藏成本也不能忽略。實際上，資金提供者要求的報酬對管理者而言，就是資金的成本。最後，我們要選定一種風險的定義和衡量風險的方法，因為資金提供者要求的報酬會依他們承擔的風險高低而有所不同。

本章最後我們會把第二章的自由現金流概念與本章介紹的資金成本（cost of capital）、預期報酬、風險的概念相結合，實際走一次評價流程。某些層面上來說，這是全書最難的一個章節，但如果你可以順利從各張圖表中吸收核心的直覺概念，那麼你就成功了。

價值是怎麼被創造的？

我們用來衡量公司創造多少價值的第一個方法，就是拿公司的帳面價值（book value）與市值（market value）做比較，得到股價淨值比（market-to-book ratio）。帳面價值純粹是會計上股東已對公司投資的資本額，市值則代表一間企業在金融市場上的價值。如同我們在第二章看到的，市值反映的是市場對公司未來價值的評估。

由於帳面價值是依據會計上、資產負債表得出的數字，並且只看股東投資了多少錢，因此並不能完全反映公司價值。表 4-1 將臉書 2017 年年底資產負債表的數字分別用帳面價值與市場價值呈現。

臉書股東權益的市值高達 5,128 億美元，帳面價值卻低得多，只有 743 億美元。由此可以得出臉書的

股價淨值比是 6.9。由於市值重視的是一間公司未來的現金流（請見第二章），因此代表市場認為臉書前景可期，也肯定臉書創造價值的能力。

第一章，我們透過實地演練了解財務分析。接下來我們要再做幾個小練習，藉此摸索出價值從何而生。這次的練習和第一章的匿名產業遊戲一樣，可能不大容易，但你一定會大有收穫。

表 4-1　臉書資產負債表，2017 年

會計資產負債表

資產		負債與股東權益	
現金	$41.7	營業負債	$10.2
營運資產	$42.8	股東權益	$74.3
合計	**$84.5**	合計	**$84.5**

市值資產負債表

資產		負債與股東權益	
現金	$41.7		
企業價值	$471.1	股東權益	$512.8
合計	**$512.8**	合計	**$512.8**

（單位：10 億美元）

假設有一間公司只靠權益籌資：

- 因為剛籌得資本 100 美元，所以公司帳面價值是 100 美元。
- 預估股東權益報酬率（ROE）20%。
- 公司預計未來獲利有 50% 會進行再投資，那些再投資項目反映成長機會，並且投資報酬預計會與目前的 ROE 差不多。
- 公司會在十年後終止營運，剩餘的部分會全部分配給股東。所有資產都將變賣換取一次性現金流（假設變賣時可以獲得的金額等同於帳面價值）。
- 因為股東的預期報酬是 15%，未來現金流以 15% 折現率進行折現。

這間公司的股價淨值比是多少？換言之，公司是否在創造價值？我們把問題簡化，再講得具體一點。憑直覺，你會覺得這間公司的股價淨值比大於 1、等於 1，或小於 1？

為了判斷公司的股價淨值比，我們需要算出公司的帳面價值與市場價值。帳面價值如上所述，是 100 美元。但是市場價值就要仰賴第二章學到的方法，預測未來現金流並折算成現值。雖然有更簡單的計算方法，但讓我們先試試比較迂迴的一個方法。

價值創造或價值減損？

雅芳和蘋果是價值創造與價值減損的經典案例，但如果分野沒那麼清楚呢？我們要如何分析數據，才能確認公司到底在創造價值，還是摧毀價值？

現在就來看一個較難明確切分的例子。下圖顯示英國石油（British Petroleum, BP）2000 年以來的股價與資本報酬率。

英國石油有在創造價值嗎？股價從 20 美元漲到 46 美元，是件好事，對吧？英國石油一定有創造價值。仔細看，股價只有在 2003 至 2008 年之間走升，之後就持平了。讓我們分別檢視這兩個區間。

英國石油在 2003 至 2008 年之間有創造價值嗎？答案顯而易見。答案就如我們預期地顯示在英國石油的營業情況中，從資本報酬率可見一斑。英國石油當時的資本報酬率遠大於 10%，顯著超越資金成本，為股東創造價值，股價因此上升。

2008 年以後，英國石油的資本報酬率大幅下滑，甚至遠低於資金成本。這種價值減損的狀況，清楚反映在停滯不前的股價上。你或許會覺得對英國石油的股東而言，情況不好不壞（如果考慮英國石油每年發 4% 的股利，可能還覺得很不錯），但這樣想是不對的。英國石油的股東在買進股票的時候，考量其他投資機會後，預期得到更高的報酬。然而，英國石油創造的報酬並不如預期。那段期間股東因為獲得的報酬遠低於預期而蒙受損失。英國石油未能創造超越資金成本的報酬，因而無法提供股東預期報酬。這就是價值減損的例子。

英國石油股價，2000 至 2018 年

英國石油年度資本報酬率，2003 至 2017 年

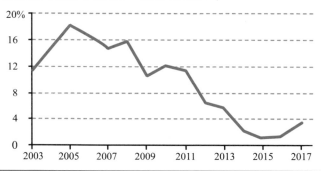

拿初始帳面價值100美元套用20%的ROE，再分一半給股東，另一半重新投入公司。再以15%的折現率將那些股利折現，從第一年算到第十年，剩餘的部分全部變現，再返還給股東（請見表4-2）。

這個個案中，依據對未來的預測算出現在的市場價值，得到的數值超過100。股價淨值比是1.3。

能不能不要列出整張試算表，用更簡單的方式得到這個結論？為了弄清楚這個問題的答案，讓我們假設ROE從20%降到15%，其他條件不變。股價淨值比會出現什麼變化？憑直覺你可能會覺得ROE下降對股東不利，因此股價淨值比應該要下降。但會跌多少？

如果像剛剛的範例一樣，再列一張試算表，你就會發現市場價值剩下100美元，恰好等於帳面價值。更準確地說，是跌到100美元整。這完全不是巧合。你可能會覺得ROE達到15%很不錯，但事實上，那間公司只是達標而已。如果ROE和資金成本一樣，其他事情就不用考慮了，這間公司並沒有在創造價值。你大可不必跑來開公司，什麼事都不做就好了。

透過這個比較結果，我們可以得知價值創造的不二法門就是報酬要勝過資金成本。在第一個案例中，ROE達到20%，但股東用來對未來現金流進行折現的折現率才15%而已。要了解一家公司是否有在創造價值時，唯一需要知道的重點就是預期報酬率有沒有比資金成本高。

如果ROE進一步下滑，從15%跌到10%，股價就會跌破100，使股價淨值比小於1。這種情況又更糟了，代表公司提供的報酬未達資金提供者的預期，因此正在破壞價值。你或許會認為10%的ROE已經不錯了，但是仍低於資金提供者因承擔風險而期望獲得的報酬。現在已經不是你大可不要浪費時間的問題了，而是你當初根本就不應該出來浪費時間。

影響價值創造的其他因素

投資報酬率和資金成本之間的關係不是影響一間公司創造多少價值的唯一因素。現在，我們就來看看其他影響因子。我們（像之前一樣）維持折現率15%不變，調整ROE、存續期間、盈餘保留率（earnings retention rate），一次只調整一項，各項目分別會對股價淨值比造成什麼影響？

表 4-2	價值創造來源

初始帳面價值	$100.00	折現率	15%
ROE	20%	盈餘保留率	50%

年	股東投資的帳面價值	實際ROE	稅後淨利	盈餘保留率	保留盈餘	返還給股東的現金	折現因子	現值
1	$100.00	20%	$20.00	50%	$10.00	$10.00	0.87	$8.70
2	110.00	20	22.00	50	11.00	11.00	0.76	8.30
3	121.00	20	24.20	50	12.10	12.10	0.66	8.00
4	133.00	20	26.60	50	13.30	13.30	0.57	7.60
5	146.40	20	29.30	50	14.60	14.60	0.50	7.30
6	161.10	20	32.20	50	16.10	16.10	0.43	7.00
7	177.20	20	35.40	50	17.70	17.70	0.38	6.70
8	194.90	20	39.00	50	19.50	19.50	0.33	6.40
9	214.40	20	42.90	50	21.40	21.40	0.28	6.10
10	235.80	20	47.20	50	23.60	23.60	0.25	5.80
						259.40	**0.25**	**64.10**

現金／市場價值	$135.89
股價淨值比	1.36

你可能會反射地認為 ROE 越高，股價淨值比就越高。然而，如果這間虛擬公司的存續期間是三十年而非十年呢？如果拿來進行再投資的保留盈餘增加了呢？存續期間與盈餘保留率對股價淨值比的影響，與 ROE 是否有關聯？

表 4-3 是一張空白表格，依 ROE、存續期間與盈餘保留率區隔。先不要偷看答案，讓我們從第一個區塊看起。盈餘保留率是 30%，在此基礎上回答以下兩個問題：股價淨值比最高和最低值出現在哪裡？這個比率在哪些情況下會剛好等於 1？

表 4-4 列出第一個區塊的答案。股價淨值比最高的欄位出現在右下角，在那個情況下，公司的 ROE 最高，因此股價最高，而且維持最久。長時間維持高 ROE 就是創造高股價淨值比的關鍵，也是創造價值的關鍵。

你可能會猜測股價淨值比的最小值出現在左上角，因為各項條件剛好和最大值相反。但事實上，最小值落在左下角。在那個情境中，公司的 ROE 低於資金成本（也就是折現率），而且即便是如此，公司依舊營運了三十年，嚴重破壞價值。最後，看到 ROE 等於 15% 的欄位，不管存續期多長，股價淨值

比都是 1。一間公司可以營運五年、三十年，甚或一百年，那都無所謂，只要 ROE 和資金成本一樣，經營再久也不會創造價值。現在讓我們回到表 4-3 這張空白圖表，試想當盈餘保留率從 30% 調到 70%，再調到 100% 時，會發生什麼情況。問題沒變，只是把範圍放大到整張表：股價淨值比最高和最低值出現在哪裡？有沒有哪些情況會使這個比例剛好等於 1？

表 4-3　價值創造的來源

	帳面權益未來報酬率				
存續期間	10%	15%	20%	25%	
5 年					
10 年					30% 盈餘進行再投資
20 年					
30 年					
5 年					
10 年					70% 盈餘進行再投資
20 年					
30 年					
5 年					
10 年					100% 盈餘進行再投資
20 年					
30 年					

表4-4　價值創造的來源

帳面權益未來報酬率

存續期間	10%	15%	20%	25%	
5 年	0.8	1.0	1.2	1.4	
10 年	0.7	1.0	1.3	1.7	30% 盈餘進行
20 年	0.6	1.0	1.4	2.0	再投資
30 年	0.6	1.0	1.5	2.2	

表4-5　價值創造的來源

帳面權益未來報酬率

存續期間	10%	15%	20%	25%	
5 年	0.8	1.0	1.2	1.4	
10 年	0.7	1.0	1.3	1.7	30% 盈餘進行
20 年	0.6	1.0	1.4	2.0	再投資
30 年	0.6	1.0	1.5	2.2	
5 年	0.8	1.0	1.2	1.5	
10 年	0.7	1.0	1.4	2.0	70% 盈餘進行
20 年	0.5	1.0	1.8	3.1	再投資
30 年	0.4	1.0	2.2	4.6	
5 年	0.8	1.0	1.2	1.5	
10 年	0.6	1.0	1.5	2.3	100% 盈餘進行
20 年	0.4	1.0	2.3	5.3	再投資
30 年	0.3	1.0	3.6	12.2	

如同表 4-5 呈現的，股價淨值比最大值出現在整張表的右下角，而且數值非常大。這間公司三十年來，締造了遠超過資金成本的報酬率，而且連年將高比例的盈餘重新投入公司中。

最糟的情況則出現在左下角。公司創造的報酬低於資金成本，整整三十年持續破壞價值，而且在公司收掉之前，完全沒有分過一毛錢給股東。當公司只能創造相對低的報酬率時，拿來進行再投資的盈餘比例越高，價值減損就越嚴重。

為什麼表格內其他數值都是 1.0 ？不出所料，只要 ROE 是 15%，股價淨值比就永遠是 1.0，因為公司創造的報酬只是剛好追平資金成本而已。此時，公司可以保留現金或發放出去，想做幾年就做幾年，一切都無關緊要，因為既沒有創造價值，也沒有破壞價值。

創造價值的三種方式

剛剛進行的演練指出了創造價值的財務基本配方。要創造價值，公司得做三件事。第一、也是最重要的，就是必須創造比資金成本高的報酬。如果做不

到，其他事情都免談。第二，他們要能連年創造比資金成本高的報酬。第三，他們要透過持續成長，將高比例的新增獲利重新投入公司當中。這三件事其實就對應到企業策略。報酬要勝過資金成本的關鍵，就是運用創新取得競爭優勢。設立進入門檻、打造品牌、保護智慧財產權等手段其實都是為了要長時間維持報酬與資金成本之間的差值。最後，將更多獲利拿來進行再投資的重點，就是透過業務擴張、跨足相關市場或執行企業併購來開創成長機會。

真實世界觀點

在試算表上看事情是一回事，現實生活中，上述的價值創造手法也是摩爾這些證券分析師關注的焦點。摩爾曾任職於伯恩斯坦，他提出下列評論：

當一間公司運用資金長時間創造超額報酬，這件事情會反映在股東權益報酬率上。當然，短時間來看情況會有點混亂，但長期而言，這點就是關鍵。因此，如果你找到一間會創造超額報酬的公司，也就是說它能夠持續（或至少連續好幾年）締造比資金成本更高的報酬，那麼你就知道這間公司未來會替股東創造超額報酬。這就是我們分析時的切入點。

淺談風險與報酬

如果投資人認為某間公司風險比較高，就會要求較高的投資報酬率，這是我們在第二章提過的觀念。而投資人對報酬的要求越高，就意味著公司的資金成本越高。

投資人和我們多數人一樣都是風險趨避者，這是人類的天性，因此如果被迫承擔風險，投資人必然會要求有所回報。以勞動力市場為例，當人們選擇在建築業等風險較高的產業工作，就會要求較高的薪水。這個道理也適用於金融的世界。

試想以下四種可以投資的資產：美國政府三十天期公債、美國政府三十年期公債、小公司普通股、大公司普通股。

下頁表列出上述四種資產類別從 1926 至 2010 年的年

平均報酬率，數據來源是伊博森（Ibbotson）出版的《SBBI 年鑑》（*SBBI Yearbook*）。除了報酬率，表中也呈現了報酬率的標準差。標準差衡量的是單年度報酬率偏離平均報酬率的程度，標準差為 0 代表每一年的報酬率恰好等於平均報酬率。標準差大代表報酬變動幅度大。

依據一項實用的經驗法則，有三分之二的觀察值會落在平均值正負一個標準差的區間內。舉例而言，你所在的城鎮內，成年人平均身高可能是 167.64 公分，標準差 10.16 公分。那麼就有三分之二的成年人身高會落在 157.48 公分和 177.80 公分之間。

左表顯示平均而言，投資人投資大公司普通股可以獲得 9.9% 的報酬率，並且在三年中，有兩年的報酬率會落在 −10.5% 和 30.3% 之間（也就是 9.9% ± 20.4%）。購買政府公債的投資人平均報酬率則是 5.5%，三年中有兩年報酬率介於 −4.0% 和 15% 之間。

如同左表呈現的，報酬率會隨著投資人承擔的風險高低變動。像是股票的投資報酬率比較高，但波動大，讓你承擔較高風險，可能有某年報酬率很高，另一年卻很低，甚至是負值。

為了衡量承擔風險獲得的獎賞，投資人通常會用某個資產類別的報酬率除以相應的標準差。換言之，這個比率讓投資人可以判斷他們每承擔一單位的風險，應該換得多少報酬。這項指標就稱為夏普率（Sharpe ratio），如表所示，長天期公債的夏普率是 0.58（5.5% / 9.5%），小型公司普通股的夏普率則是 0.37（12.1% / 32.6%）。

四種資產類別的報酬率，1926 至 2010 年

資產類別	年平均報酬率	年平均標準差
短天期政府公債（30 天）	3.6%	3.1%
長天期政府公債（30 年）	5.5	9.5
普通股（大公司）	9.9	20.4
普通股（小公司）	12.1	32.6

資料來源：《SBBI 年鑑》。

進一步了解資金成本

剛剛的演練顯示資金成本對創造價值而言至關重要。如同第二章提到的，管理者會因為考量投資的機會成本，而利用折現率來懲罰未來現金流。他們用的折現率通常就會被視為資金成本，因為折現率反映了使用資金的代價（成本）。那麼折現率和資金成本是怎麼算出來的呢？

還記得公司有兩種資金提供者嗎？有提供債務資本的債權人，和提供權益資本的股東。這裡的核心概念就是資金成本會依據投資人的預期報酬決定。簡言之，投資人的預期報酬就是公司管理者的資金成本。股、債的成本不同，權益代表公司剩餘價值的請求權，搭配變動報酬，債權則提供債主固定報酬，而且公司倒閉時，債權人可以優先獲得償還。

那麼（最終轉為資金成本的）預期報酬從何而來？資金提供者會考量他們承擔的風險後，設定足以補償風險的預期報酬。因為承擔風險而要求額外報酬是財務的基本觀念，並且與風險趨避（risk aversion）相關。如果可以選擇立刻拿到 100 萬美元，或是有 50% 的機會拿 0 元、50% 拿 200 萬美元，你會選哪一個？雖然你的想法可能與眾不同，但在現實生活中，多數人都會選擇拿 100 萬美元。也就是說，人多半會偏好取得一個固定金額，而非依機率加權後的金額。

但資金成本的概念確切應該如何應用？怎麼拿捏才會算出與風險相稱的適切報酬？這些問題將我們導向財務世界中最巧妙的概念。

加權平均資金成本

加權平均資金成本（weighted average cost of capital, WACC）是最常見的未來現金流折現率，也是財務圈的人最愛拿來嚇唬他人的神祕詞彙。但其實只要拆解它，並視覺化 WACC 的概念，就會發現它一點都不神祕。WACC 隱含的意義是公司有多種資金來源，而我們已經知道資金分兩種，因此必然會有兩種不同的成本：債務資金成本與權益資金成本。我們不能直接將兩者相加，而是要用它們的占比來算平均數。

WACC 的公式包含幾個項目：兩種資金成本、兩種資金成本的加權比重、稅項。

加權平均資金成本

$$\text{WACC} = \left(\frac{D}{D+E}\right) r_D (1-t) + \left(\frac{E}{D+E}\right) r_E$$

r_D ＝ 債務資金成本

r_E ＝ 權益資金成本

D ＝ 公司債務的市值

E ＝ 公司權益的市值

$D+E$ ＝ 公司融資的總市值（股與債）

t ＝ 企業稅稅率

債務與權益資金成本分別是各自的預期報酬。我們先暫時把權重單純想成公司總籌資需求中，分別靠債務與權益滿足的比例。

稅的部分需要特別解釋一下。利息支出通常都可以從營收中扣除，降低企業的稅負。因此，利息支出實際上可以讓公司少繳一點稅，這種效果就稱為「稅盾」（tax shields）。利息支出可以帶來多大的好處，要看稅率高低。如果稅率高，可以扣除利息支出這件事情就很有價值。假設稅率40%，一間公司要支付10美元的利息，那麼那筆10美元的支出實

際成本是多少？公司支付10美元的同時，稅前收入減少10美元，使稅負減少4美元，因此實際成本是6美元。

WACC的計算方法其實很直接。假設一間公司的籌資來源有20%是債權，且債務資金成本是10%，80%的籌資來源是權益，成本20%，稅率10%，就可以輕鬆算出WACC是17.8%。

進一步要問的是：怎麼計算權重？債務與權益的成本又要如何計算？如果權益是剩餘價值請求權，你要如何掌握權益資金成本？債務和權益哪一種比較貴？我們接下來要從頭開始算出一個WACC，因為這可以幫助你建立重要的財務直覺，而且實際操作一次，就是揭開WACC神祕面紗的最佳方式。

債務資金成本

WACC的計算過程中，計算債務資金成本是最直觀的，因為債務會搭配固定報酬，因此資金成本就是在你推動某一項計畫時，債權人向你要求的利率。

銀行在決定貸款利率時，會衡量一間公司的風險高低、公司現金流穩定度，以及信用評分，再依據

風險設定相應的貸款利率。（更準確地說，貸款利率是借款方承諾的報酬，但借款方可能會違約，因此預期報酬會稍微低一點。）

該利率有兩個組成項，與我們因等待而懲罰現金流的原因相關：

$$r_D = r_{risk\text{-}free} + 信用利差$$

此處 r_D 是債務資金成本，$r_{risk\text{-}free}$ 是無風險利率

無風險利率（risk-free rate）。投資人會要求至少獲得等同於無風險利率的報酬率。無風險投資的概念會以政府發行的證券（如：美國國庫券）利率來表示。這背後的邏輯是，任何一項有風險的計畫所提供的報酬，都應該至少等同於我們對無風險資產的預期報酬。為什麼在沒有風險的情況下，投資人還會要求報酬（資金成本）？身為投資人，我們不只討厭風險，也不喜歡延後獲益，因此如果要我們晚一點再享受財富，就要給我們補償。更準確地說，我們比較想現在就拿到錢，而不是之後再拿，因為我們沒有耐性，而且我們預期未來會通膨，導致我們的購買力下降，因此也希望在這點上獲得補償。

信用利差（credit spread）。信用利差反映的是因債務風險程度而增加的成本。你可能已經猜到了，風險較高的企業信用利差較高。2018 年年中，美國十年期國庫券殖利率（也就是它提供的報酬率）是2.96%，當時信用評等 AA 級的公司沃爾瑪為了收購印度電商 Flipkart，舉債 160 億美元。（一般信評系統從 AAA 開始向下降等，A 字頭的評等

真實世界觀點

和之前一樣，這裡的計算不只是紙上談兵。海尼根財務長德布羅克斯每天都會檢視她的資金成本：

在解釋資金成本的時候，你必須回歸一個觀念，那就是你要有錢才能打造事業。是誰借錢給你？或拿錢投資你的公司？是股東和銀行或債券持有人，你必須給他們每一個人合理的回報，並且依據你的資本結構、籌資結構算出平均資金成本，那基本上就是你繼續營運的成本。這完全合乎常理。如果獲得的報酬不合理，就沒有人願意掏錢出來投資，所以提供那些利害關係人他們預期的報酬是一件再合理不過的事情。

殖利率曲線

債務資金成本包含無風險利率加上因信用風險而生的風險溢酬（risk premium）。利率也會因為債券發行方還錢的時間而改變，還錢的時間點稱為債券的到期日（maturity date）。右圖中的殖利率曲線（yield curve）呈現了上述影響。

圖中曲線繪製出各天期債券的利率，從極短期債券，到幾十年後才會到期的債券。橫軸指的是從現在到債券到期日的期間，縱軸是相應的利率。標度縮放比例不一致。

首先，你會注意到殖利率曲線斜率通常為正。長天期債提供的利率一般而言（但不是百分百）比短天期債券來得高。為什麼？一方面，殖利率曲線的斜率代表對未來利率的預期，曲線斜率高表示投資人預期未來利率會走揚。由於長天期債券利率長時間固定不變，因此必須給予投資人補償。投資人之所以預期未來利率會上升，可能是依據未來經濟成長率或通膨率推斷。第二，注意國庫券的利率與 AAA 級企業債和 CCC 級企業債之間的差異，AAA 級和 CCC 級企業債的曲線都在國庫券之上。原因

如前所述，風險溢酬墊高了債務資金成本。

債券殖利率曲線會經常隨著市場對未來的預期調整。交易員常常要預判曲線的變化，包括整條曲線向上或向下移動、曲線斜率或凸性（彎曲程度）改變。

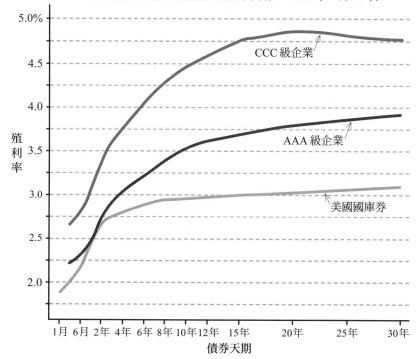

不同風險與到期日的債券殖利率曲線，2018 年 7 月 30 日

債務與財務困境

財務陷入困境的機率與成本是決定一間公司舉債上限的兩大因素。公司可能因為無預警刪減資本支出、被迫出售資產、管理層的短視，導致公司在破產之前，市值慘跌10%至23%。財務困境造成的破產可能伴隨極高昂的成本，雷曼兄弟（Lehman Brothers'）破產的費用就超過20億美元。

讓我們來看以下三間公司的例子：以佛羅里達州為據點的躉售電力公司新紀元能源公司（NextEra Energy Resources）、長年立足業界的藥廠艾伯維（AbbVie）、相對年輕的旅遊網站貓途鷹（TripAdvisor）。你覺得三間公司的槓桿度依序為何？

像新紀元這樣的能源公司現金流穩定又可預測，不太需要擔心突如其來的改變造成財務困難。你或許會認為藥業風險高（也確實是如此），但一間成熟的藥廠會具備專利與穩定現金流。像貓途鷹這樣的網路公司所在的商業環境現金流就比較不穩定，因此財務出現困難的機率與成本都高得多。

艾伯維債務較多，但別忘了我們在第一章談到默克與輝瑞兩家藥廠時說的：藥業整體趨勢是持續增加帳面上的債務。這個現象很可能代表藥廠研判財務困難發生的機率與成本逐漸下降，反映整個產業或許正在調降風險，並創造更穩定的現金流。

降到最低是 A 級，再往下降一級就是 BBB 級，B 字頭的降到最低是 B 級，再往下降就是 CCC 級。）沃爾瑪當時發債的利率是3.55%，可以算出信用利差是0.59%。同時，BBB 級的公司 CVS 為了收購安泰人壽（Aetna）也發行了債券，債券利率4.33%，信用利差1.37%。CCC 級的有線電視公司西科通訊（Cequel Communications）債券利率7.5%，信用利差4.54%。從這裡就可以明顯看出風險與報酬之間的關係。

最佳資本結構

一間公司透過舉債或發行股份進行籌資的比率就

是它的資本結構。正確的資本結構因產業而異，也會因為產業間相對風險程度而有所不同（如同我們在第一章提到的，卡羅萊納電力與照明公司和英特爾的對比）。像能源公司這種受政府監理的獨占事業，資本結構通常強烈傾向債務資本，因為現金流穩定。未來仍不明朗的高風險公司，則傾向以權益籌資。

其中一個構思資本結構決策的方法，是去權衡舉債帶來的稅盾效果、相應成本、失敗的可能性。最佳資本結構（optimal capital structure）的理論如圖 4-3 所示，就是試圖先違反直覺地刻意忽略上述影響，再逐一納入考量。

圖 4-3 呈現了資本結構與公司價值的關係。如果提高舉債的占比，公司價值會受到什麼影響？從③線可以看出第一項觀察結果：不考慮稅盾效果與失敗的成本時，所有價值都來自於公司的實際運營，因此價值與資本結構無關。這項觀察是重要的起點，因為它提醒我們資產的配置才是真正創造價值的源頭，而不是財務工程。但這同時代表資本結構無關緊要。

如前所述，因為利息支出可以從營收中扣除，因此可以減少你的稅負。如果你在籌資時，較仰賴債務而非權益，就可以保留更多收入不被政府課稅，就

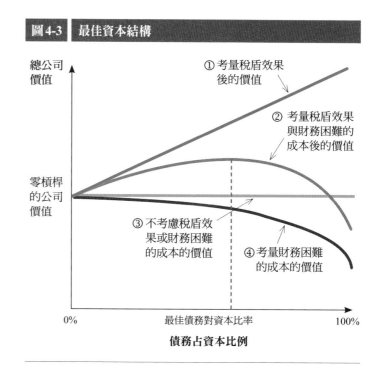

圖4-3　最佳資本結構

總公司價值

① 考量稅盾效果後的價值

② 考量稅盾效果與財務困難的成本後的價值

零槓桿的公司價值

③ 不考慮稅盾效果或財務困難的成本的價值

④ 考量財務困難的成本的價值

0%　　　最佳債務對資本比率　　　100%

債務占資本比例

像①線展示的，公司價值會因此增加。事實上，全部靠舉債而不用權益也算合理，因為每多借 1 美元，你就有更多錢不用繳稅。

接下來，我們要考慮槓桿度過高對事業營運的影響。如果你曾經待過一間破產，或差點破產的公司，就知道債務會伴隨非常高昂的營運成本。顧客與

員工流失，籌資也會越來越困難。隨著槓桿度提升，企業承擔上述營運成本的機率會增加，導致價值減損，而且在這種岌岌可危的狀況下，價值通常跌得很快。上述成本開始破壞價值的時點（如④線所示）會因為事業本質而有所不同。穩定度高的事業體舉債程度要非常高，才需要承擔那些營運成本，相反地，風險極高的事業體很快就得承擔財務困難的成本。

當我們把稅盾效果與財務困難的成本結合在一起、畫成②線，就可以很清楚看到稅務上的好處相較於財務困難伴隨的成本孰輕孰重，藉此找到讓價值極大化的資本結構。可以想見，不同產業的公司資本結構也會不同，反映該產業如何在稅盾效果與財務困難的成本之間做權衡。用各產業的最佳資本權重計算出債務與權益成本（cost of equity）的權重後，再以該權重計算 WACC。

權益資金成本

把權益資金成本獨立出來談比較困難一點，我們不能像討論債務資金成本的時候一樣，直接跑去問股東他們想要多少報酬，因為大部分的權益投資

各國資本結構

看看以下三間位於不同國家的公司：美國新世紀能源公司、巴西電力公司龍頭特拉克特貝爾能源（Tractebel Energia）、愛爾蘭電力（Electric Ireland），會發現各國資本結構不盡相同。

每個國家的稅率不同，因此會影響舉債對當地企業的吸引力。此外，這幾個國家的企業現金流穩定度也可能不同，影響財務困難的成本與發生機率。公司需要考慮所在國家的情況，在舉債的稅盾效益與財務困難的風險之間找到平衡點，藉此辨識出最佳資本結構。

人只會說：「很多。」如果我們不能直接問股東，要怎麼知道他們的預期報酬是多少？幸好，有個榮獲諾貝爾獎的巧妙理論：資本資產定價模型（capital asset pricing model, CAPM），這個模型蘊藏許多幫助我們判斷權益資金成本的重要直覺概念。CAPM 背後的邏輯和債務資金成本一樣，就是無風險利率加上風險溢酬。權益投資人在承擔風險的時候，要求的報酬由兩個元素組成：某支股票的風險高低與該風險的

價格。在這樣的情境中，風險的概念是什麼？到底什麼是風險？

　　什麼是風險？如果你需要想一個方法來衡量持有某一支股票的風險，你會怎麼做？如果你擁有世界上所有資訊，你會想從中擷取出哪些資訊來判斷你因為持有某間公司的股票承擔多少風險？你或許會認為某支個股的變動幅度〔變異性（variability）〕是衡量風險的絕佳指標。如同〈價值創造或價值減損？〉（見第127頁）專欄提到的，英國石油的股價表現變化很大，而且你可以算出它變動的幅度，即：波動度（volatility）。如果某一檔股票波動度極大，因此創造很高的不確定性，那麼你就會要求較高的報酬。這個直觀的想法看似正確，卻因為忽略了一項重要的觀點，導致結論與事實完全相反。

　　我們在第二章提過，分散投資是強而有力的風控方法，因為你可以透過分散投資來維持預期報酬，同時降低風險，可謂財務世界裡唯一可以白吃的午餐。如果投資人持有分散的投資組合，那麼當中任何一支股票的波動度都不太重要，因為大部分會被整體投資組合稀釋掉。如圖4-4所示，當你在投資組合中加入更多投資標的，整體波動度就會降低。但達到一個程度之後，分散投資帶來的好處就會開始減少。關鍵在於有些波動度是你不可能靠分散投資完全消除的，那就稱為系統性風險（systematic risk）或是投資市場的風險。

　　加入投資組合之後，單支股票的變異性大多會消散，因此我們只要考量無法消滅的風險：系統性風險就好。換言之，各支股票的風險不是看這支股票自身的波動度多大，而是看它相較於大盤的波動程度，因為後者會反映我們無法靠分散投資消弭的風險。

　　衡量一支股票相對於市場波動程度的指標稱為「beta值」。讓我們講得更仔細一點。如果某間公司的beta值是1，那麼表示它的股價通常與大盤同漲跌，當大盤漲10%，公司股票大概也是漲10%。如果某間公司的beta值是2，那麼當大盤漲10%，公司股價會漲20%。假設某間公司的beta值是−1，當大盤漲10%，股價會跌10%。一言以蔽之，beta值代表當市場整體漲或跌，某支股票的表現如何。

權益資金成本的迷思

大家在談論權益資金成本的時候，經常會有兩個重大迷思。第一，權益比債務便宜。這份迷思的論述通常是這樣：「好，如果我不付錢給債權人，就會破產，付出慘痛的代價。但如果我付不出錢給權益持有人，也不會怎麼樣。所以權益比較便宜。」第二，和前一項迷思有關的錯誤觀念是權益不用錢。「我不需要給權益持有人任何東西，因此權益的成本是零。」

上述兩個迷思聽起來都很有道理，但其實是錯誤的，因為它們忽略了風險與報酬的關係中，幾個核心理念。權益或債務哪一項風險比較高？當公司破產了，債權人會先獲得支付，股東可能血本無歸。因此權益持有者所處的位置風險大得多，所以他們也會要求比較高的報酬，而且不可能接受零報酬。那就是風險與報酬之間的關係背後，重要的直覺觀念。

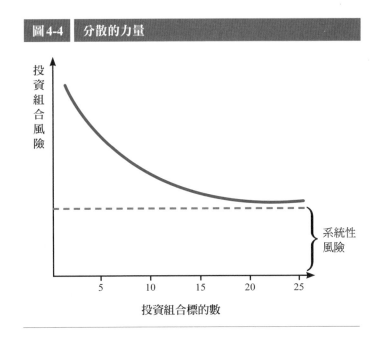

圖4-4　分散的力量

計算 beta 值。計算 beta 值的方法意外地簡單。請看圖 4-5，該圖呈現的是某間公司的月報酬率與大盤的月報酬率。

圖中每一個點都代表某一個月分大盤與公司的報酬率。你怎麼從圖中看出 beta 值？別忘了 beta 值衡量的是一間公司的報酬率與市場報酬率之間的相關性（correlation）。你只要畫一條最符合這些數據

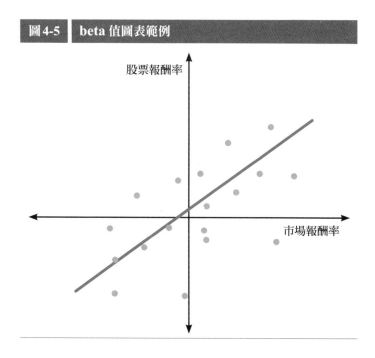

圖4-5　beta 值圖表範例

股票報酬率

市場報酬率

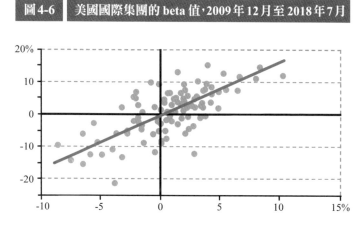

圖4-6　美國國際集團的 beta 值，2009 年 12 月至 2018 年 7 月

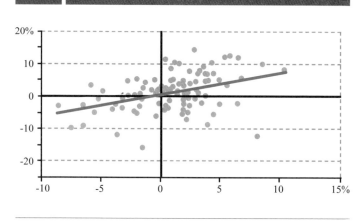

圖4-7　百勝餐飲的 beta 值，2009 年 12 月至 2018 年 7 月

點的線（也就是所謂的迴歸線），那條線的斜率就是beta 值，也正是公司股票報酬率與大盤報酬率的連動程度。

讓我們以兩間著名的公司為例，試著找出保險公司美國國際集團（AIG）和第一章提過的百勝餐飲的 beta 值。圖 4-6 和圖 4-7 的數據是兩間公司從 2010 年 1 月至 2018 年 7 月之間的月報酬率，並對照標準

普爾 500 指數同一段期間的月報酬率。

美國國際集團的 beta 值約 1.65，百勝餐飲則是約 0.67。為什麼兩間公司的 beta 值差這麼多？回想一下剛剛提到的，beta 值衡量的是某支股票與整體市場報酬率的相關性。百勝餐飲旗下的肯德基與塔可鐘（Taco Bell）販售的食物相對便宜，就算經濟嚴重衰退，大家還是可能去用餐，只是他們會更在乎價格，手頭也較為拮据。經濟狀況好轉的時候，大家錢多了，來用餐時點菜或許會更闊綽，但也可能選擇不再吃速食餐廳，而是升級去吃簡餐。因此百勝餐飲幾乎不受整體經濟波動的影響。

相反地，美國國際集團提供企業保險服務，幫助企業管理財務風險。景氣差的時候，它們往往得支付高額保險金，獲利因此遭到壓縮。景氣好的時候，則可以收取較多保費，同時又不用支付那麼多保險金，因此表現會好得多。而且這種時候美國國際集團拿保費去做的投資，績效表現也會比較好。因此，美國國際集團股價與大盤表現的連動性較強。

現在你已經知道 beta 值是什麼，以及 beta 值的計算方法，接下來我們要看看產業層級的 beta 值（請見表 4-6）。從產業層級來看 beta 值，可以部分解釋各家公司間的 beta 值差異。

有些產業的 beta 值較高，會超過 1.0，代表它們變動幅度較市場大。一般而言，景氣循環產業都具備這種特色。

表4-6　各產業 beta 值	
產業類別	**產業 beta 值**
食品及日用品零售	0.6
公共事業	0.6
家庭及個人用品	0.7
消費必需品	0.8
食物、飲料與菸草	0.8
健康照護	0.8
健康照護設備與服務	0.8
運輸	0.9
消費者服務	0.9
藥品、生技與生命科學	0.9
銀行	0.9
保險	0.9
電信服務	0.9
工業	1.0
商業與專業服務	1.0
消費者非必需品	1.0
媒體	1.0

金融	1.0
房地產	1.0
資訊科技	1.0
軟體與服務	1.0
原物料	1.1
資本品	1.1
汽車與零件	1.1
消費者耐用品與服飾	1.1
科技類硬體與設備	1.1
半導體與半導體設備	1.1
綜合性金融服務	1.2
能源	1.4

資料來源：Duff & Phelps, *2015 International Valuation Handbook: Industry Cost of Capital* (Hoboken, NJ: Wiley Business, 2015).

beta 值背後的直覺觀念。beta 值的核心直覺概念與保險有關。高beta值企業股東承擔的系統性風險較高，那是股東無法分散的風險，因此股東會要求較高的報酬，也就是公司的權益成本。這會導致公司的加權平均資金成本較高，進而拉低公司價值。最後一步的轉折最複雜，如果你套用較高的折現率，現值會怎麼變動？現值會降低。換言之，beta 值高會墊高權益資金成本，推升 WACC，最終拖累資產價值。

beta 值為負的公司權益資金成本較低，甚至可能是負值。這意味著那些公司的 WACC 會比較低，價值較高。當大盤上漲，這些公司會表現不佳；但市場表現差的時候，它們表現就會特別好。beta 值為負的資產標的很特別，因為當世界崩解，它們會為你創造價值，因此你不會要求它們提供那麼高的報酬，這會拉抬資產價值。

從這點上來看，資本資產定價模型在談的其實就是保險。你熱愛那些與大盤走勢相反的投資標的，因為它們具有保險的功能，如果你是風險趨避者，那些標的就變得很有價值。圖 4-8 繪製出 1988 至 2015 年間，黃金的年報酬率相對於標準普爾 500 指數的報酬率。還記得 beta 值就是迴歸線的斜率嗎？圖中那條線的斜率是負值，和前面的美國國際集團與百勝餐飲不同。其中一個投資人想持有黃金的原因，就是當世界陷入混亂，黃金通常會與你同在。像這樣的保險就具有價值，會讓你願意接受較低，甚至是負的報酬。

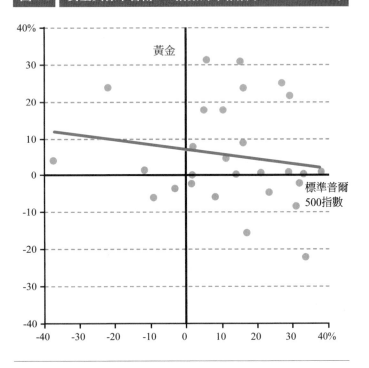

圖4-8 黃金與標準普爾500指數的年報酬率，1988至2015年

大家的計算方法會有所不同，在此先介紹其中一種計算風險價格的方法。讓我們想想過往股票表現比國庫券等無風險投資工具好多少。如同〈淺談風險與報酬〉（見第132頁）專欄提到的，股票表現比政府發行的國庫券等安全的證券好得多。

假設股票的報酬率平均而言比無風險投資工具高6%，多出來的部分就是投資人承擔市場風險而獲取的報酬，也就是風險的價格，即投資人在承擔股市風險的時候要求的報酬，也稱為市場風險溢酬（market risk premium）。

CAPM與權益資金成本

把風險價格與風險量的概念相結合，就會得出權益資金成本的方程式。

風險的價格。現在我們已經知道如何用beta值衡量一間公司的風險高低，接下來要把風險量結合風險價格計算出權益資金成本。風險的價格也可以說是市場的風險溢酬。

資本資產定價模型

$$r_e = r_{risk\text{-}free} + beta 值 \times 市場風險溢酬$$

$$r_e = 權益資金成本，r_{risk\text{-}free} = 無風險利率$$

從權益資金成本的方程式，我們可以得出哪些結論？第一，投資人至少會要求獲得等同於無風險利率的報酬，或是借錢給政府時要求的利率。第二，權益資金成本包含風險調整概念，會隨風險的量和價格變動。你或許會以為要用波動度來看風險量，事實卻並非如此。考量到分散投資的力量和它提供的白吃的午餐，你應該要把重點放在個股與大盤的相關性，或者說是股票的 beta 值。結合 beta 值與風險價格的概念，就可以得出投資某個產業或某間公司的預期報酬，並可以由此得出那些公司的權益資金成本。

讓我們來計算剛剛討論的美國國際集團與百勝餐飲這兩間公司的權益資金成本。我們得針對無風險利率與市場風險溢酬做一些粗略的假設。在此，我們假設無風險利率是 4%、市場風險溢酬是 7%，這樣就可以算出美國國際集團的權益資金成本是 4% ＋ 1.65 × 7% ＝ 15.55%，百勝餐飲的權益資金成本則是 4% ＋ 0.67 × 7% ＝ 8.69%。

千萬不要忘記權益資金成本同時也是投資人的預期報酬，照這個概念思考，就能理解投資管理的本質。圖 4-9 呈現出權益預期報酬的方程式，預期報酬會隨著 beta 值增加而增加。之前提過，beta 值為 0 的資產預期報酬會等於無風險利率。主動投資管理的重點就是挑選出偏離那條線、報酬超過預期報酬的資產。兩者之間的差值就稱為 alpha 值。alpha 值是價值來源，把它切出來代表你創造的報酬超乎預期。

雖然 CAPM 是非常強而有力的理論，但它奠基在幾個假設之上，而那些假設有時未必正確。舉例而言，CAPM 假設交易成本為 0，且投資人的借貸利率都偏低，這些假設都不符合現實。最重要的是，這個理論要成立，有一個關鍵假設是投資人非常理性，但眾所周知，那是個薄弱的假設。CAPM 還有個讓人特別在意的點，就是真正實現的報酬未必會像圖 4-9 呈現的一樣，和 beta 值的關係呈一直線。不過，即使 CAPM 有許多爭議，它依然是計算權益資金成本的基石，也是時下投資管理界的主流架構。

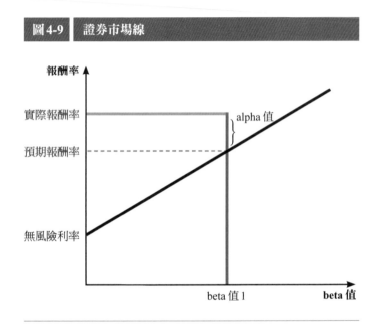

圖 4-9　證券市場線

解，藉此讓我們的概念更為穩固。

所有投資都套用相同的資金成本

第一個管理者常犯的錯誤就是把同樣的資金成本套用到所有投資計畫上，他們的邏輯通常是：「好，我的資金提供者有預期報酬，所以不管我投資什麼，每一個投資計畫的資金成本都必須相同。」

這樣的邏輯很有說服力，但並不正確。想像一間投資多個產業的企業集團（conglomerate），它是否應該在投資各個產業的時候，採用相同的資金成本？不同的產業與不同的投資案會讓它的資金提供者面臨不同風險，因此每一個產業適用的資金成本應該有所差異。想了解為什麼，試想一下一間公司的各個部門套用相同資金成本的時候，會發生什麼事情？

假設某個企業集團投資三個 beta 值不同的產業：航太、健康照護與媒體。如果你用平均資金成本作為唯一的資金成本數值，套用到多個 beta 值不盡相同的部門，你犯了什麼錯誤？對哪一個部門的投資會過多？哪一個會過少（請見圖 4-10）？

投資媒體產業的時候，你哪裡做錯了？如果所

WACC 常見錯誤

仔細思考過權重、稅盾、債務與權益資金成本背後的概念之後，我們現在就可以用 WACC 來評估投資的價值了。接下來，我們就會用 WACC 來作為第二章一再強調的折現率。不過 WACC 的概念很容易混淆，因此我們要來談談資金成本的三大常見誤

有投資都用平均資金成本來衡量，那麼投資媒體的時候，正確的資金成本會比你套用的資金成本高。因此，你會過度看好那個產業中的投資計畫，導致過度投資。同理，在投資航太產業的時候，資金成本實際上低於你所套用的數值，這會導致你在懲罰那些投資機會的時候，下手過重，最後投資得太少。

最後一個了解這項概念的角度是「重點不在你

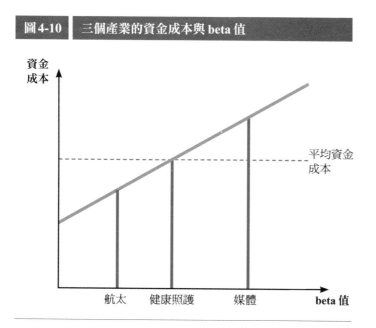

圖4-10　三個產業的資金成本與 beta 值

身上」，這是人生中最難的一道課題。適切的資金成本並非取決於誰在投資，而是取決於你投資了什麼。風險是依附在資產而非投資人身上。

增加舉債以降低 WACC

另一個很吸引人卻不正確的觀念是公司可以透過借更多錢來降低 WACC，因為債務資金成本低於權益資金成本。這個觀念背後的思路是這樣：「債務一般比較便宜，加上稅盾效果就更便宜了。所以我只要多舉一點債，就可以降低 WACC，這樣就能提高公司價值。」

這是錯誤的想法，因為在這件事情上不存在白吃的午餐。如果一間公司採用的是先前提到的最佳資本結構，就不能單純因為便宜而增加舉債幅度，還自認聰明。權益持有人會因為債務增加的風險而要求更高的報酬，如此一來就會抵消掉舉債帶來的好處。

圖 4-11 是本書中最困難的一張圖，但可以幫助你看清楚一件事：只靠舉債沒辦法降低 WACC。從圖中可以看出，橫軸的債務增加時，縱軸的 beta 值會發生什麼變化。圖 4-11 和我們之前看過的圖有一

個關鍵差異，就是圖中有三種不同的 beta 值：權益 beta 值、債務 beta 值、資產 beta 值。

別忘了 beta 值是衡量某個投資工具的報酬與市場報酬的相關性。首先，讓我們想想資產的 beta 值，這個數字看的是營運資產的報酬率與市場報酬率之間如何連動。當你借更多錢，資產 beta 值會如何改變？答案是，不會改變。資產相對於市場的表現不會因為籌資方式調整而出現變化。這和圖 4-3 中那條直線的概念類似。如果公司較過去更依賴債務，債務 beta 值和權益 beta 值會出現什麼變化？為了想通這件事，讓我們先從極端狀況來思考。當公司完全仰賴權益籌資，會發生什麼事情？如果幾乎不用權益籌資，又會如何？進一步思考這些問題時，也要從企業的 beta 值：資產 beta 值出發。

下方曲線代表的是債務的 beta 值。當一間公司借了第 1 塊錢，那 1 塊錢會接近無風險，因此債務的 beta 值趨近於 0。當一間企業幾乎完全仰賴舉債籌資，債務 beta 值就會接近公司完全靠債務籌資時的資產 beta 值。最後一塊拼圖要看的是權益 beta 值，權益 beta 值會長什麼樣子？如果公司沒舉債或是幾乎不舉債，權益 beta 值就會很接近資產的 beta 值。

當槓桿度增加會如何？權益 beta 值會飆升，因為權益的風險增加了，因此變得較為昂貴。

這就是圖 4-11 的核心觀念。當一間公司達成最佳資本結構以後，就不能再妄想能夠透過把權益轉成

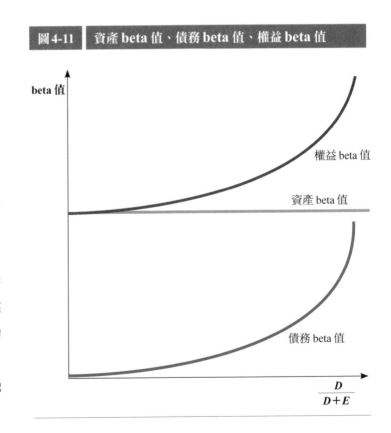

圖 4-11 資產 beta 值、債務 beta 值、權益 beta 值

債務這種簡單的手法來降低資金成本。為什麼？因為權益持有人會因此提高預期報酬以懲罰公司，抵銷掉進一步舉債創造的效益。

輸出WACC

最後一個管理者常犯的錯誤是認為在收購一間公司的時候，可以套用自家公司的 WACC 作為標的公司現金流的折現率，藉此創造更多價值。管理者的想法是這樣：「我去競標某項資產，另一間公司也有投標。我的資金成本比競爭對手低，所以套用我的資金成本進去以後，就有辦法談成這個案子、順利得標。」

正確的資金成本與公司或其他下標者無關，正確的資金成本只和管理者要購買的資產有關，並且兩個買家的資金成本應該完全相同。公司不可能把自己的資金成本輸出到要收購的資產。資金成本與你是誰無關，只和你要投資的對象有關。

因此，你是否打算用資產負債表上的現金來進行收購、自家資產負債表的槓桿度超高或純粹仰賴權益籌資，通通不重要。重要的只有該項投資套用的資金成本是否正確，以及套用的資金成本是否能反映該投資標的的正確資本結構。

企業財務長會盡可能清楚說明他們心中的最佳資本結構長什麼樣子，並且會在情勢改變時，竭盡所能調整回最佳資本結構。海尼根財務長德布羅克斯做出以下評論：

海尼根對自己與信用評等機構公開做出承諾：我們的淨債務對 EBITDA 比率會維持在 2.5，不管做任何事情，我們都要能在短時間內將這個比率拉回 2.5。清楚說明有一個好處，就是海尼根的投資人會知道自己得到了什麼，不會面臨大量權益回購或是高額債務。他們也很清楚如果有可以提升投資組合價值的收購標的，我們會有餘裕和操作空間來進行收購。

康寧玻璃與資本報酬率

康寧玻璃是製造電子用品顯示玻璃的龍頭業者。摩爾在分析完康寧玻璃的財務數字與未來前景後，判定公司股價低於帳面價值。如我們在第二章看到的，市場普遍認為康寧玻璃的報酬沒有辦法超越資金成本。

面對一間像康寧玻璃這種股價低於帳面價值的公司，有些人或許會說它應該關門大吉、出清資產，如果資產出售的價格接近帳面價值，就更應如此。你認為為什麼即使資本報酬率（ROC）低於資金成本，康寧玻璃還是要繼續營運？

康寧玻璃應該像摩爾一樣，相信市場對於它們的未來表現評價錯誤，它們的前景比外界預期的好得多。康寧的市值低於帳面價值是因為他們在市場上面臨價格壓力，所以 ROC 會受到壓縮。因此關鍵問題是：價格壓力是永久性的還是暫時性的？

這個問題要回歸到核心的企業策略做考量。如果康寧玻璃相信它們做的事情能夠提升產品價值，而且可以在競爭的環境中保護公司營運，就應該有信心相信，價格壓力只是暫時的。如果情勢轉變，公司則要分析是否應該結束營運，對股東比較好。

摩爾同意康寧玻璃面臨價格壓力，但當他仔細看過康寧玻璃的成本結構（cost structure），他發現那樣的結構可以抵消甚至緩解價格壓力。也就是說，康寧玻璃的利潤率其實可能會持平或增加。但市場沒有看出這點，康寧玻璃的股價因此受挫。

摩爾認為康寧玻璃的 ROC 會比市場預期得好，而且未來股價會超越帳面價值。最後，他建議投資人「買進」這支股票。

康寧玻璃的市場價值會低於帳面價值的原因之一，是因為投資人相信它的利潤率會繼續被壓縮，但摩爾不同意這種想法。你認為為什麼在做預測的時候，大家往往會假設目前發生的改變（利潤率下滑）未來會無止境地持續下去？

預測未來本身就很困難，分析師所做的每一個決策都有可能是錯的。面對這項艱鉅的任務，許多分析師會選擇在既有趨勢上做出假設，以推斷未來現金

流。這種推論方式感覺上可能很保守，但實際上，相較於仔細思考產品或經濟循環而言，非常激進。

　　企業評價之所以困難，是因為你要考慮一間公司的所有面向，包括：智慧財產、策略、競爭狀況等，並一一轉換成數字，再預測這些數字的未來走勢。這是一個深入而複雜的流程，可能要耗時好幾週，做完以後你還要出具一份可以說服人的報告。還有，你也不能太常出錯。

渤健的資本結構

　　2015 年，渤健為了回購價值 50 億美元的股票舉債 60 億美元。此舉有部分是出於當時的低利環境。這項做法改變了渤健的資本結構，淨效果會接近於一開始就沒有發行那些股票，而是靠舉債來購入資產。股票回購是一種把現金發還給股東的方式，並且在渤健這些年來大幅成長之後，給予股東更大的所有權。

　　但那些債務怎麼辦？時任渤健財務長的克蘭西表示，很少藥廠會借這麼多錢。當時，渤健的資產負債表上只有 5 億美元的債務，然而就像許多生技公司一樣，渤健也有現金滯留在美國境外，無法取用。因此，要執行股票回購就得借錢。而且渤健還多借了一點，因為當時的利率數字非常漂亮。由於公司計畫未來要進行股票回購或收購，所以希望可以在利率攀升之前，先到手一個好的利率。

為什麼低利率會鼓勵公司多借錢？

　　近年來利率處於歷史低點，因此公司可能會考慮藉機提高槓桿程度。像這種依據市場狀況挑選時機發行股份或舉債的決策，被稱為「市場擇時」（market timing）。這些公司事實上是在賭他們有能力判斷發行證券或買回股票的最佳時機。

　　這一把賭下去要能回收，渤健的現金流和之後上市的產品表現必須要超乎市場預期。為這些事情憂心忡忡的苦主自然是財務長，克蘭西說：「如果你沒有因為這樣的賭注而擔憂，就沒有對股東負責，也沒有肩負起創造股東價值的責任。」

當投資人購買某間公司的股票，他們是在賭那家公司的表現會優於資金成本，並且股價上漲的幅度會超過預期報酬。克蘭西指出，公司回購自家股票的時候，

也是在做類似的賭注。為什麼？

當公司拿現金去買回自家股票，它也是在做投資。就像任何其他投資一樣，回購股票的決策必須具備正的淨現值，否則渤健就應該考慮其他運用資金的方式，包括直接發放股利。我們會在第六章，進一步討論這種更高層次的資金分配方法。

財務長的工作之一就是要找出哪些營業費用能夠推動公司成長，並把錢投進這些營業費用中，這往往不是件易事，對大公司而言尤是，因為人多嘴雜，彼此間又存在利益衝突。財務長的工作就是讓大家達成共識。克蘭西說：「如果策略有明確的主軸，組織整體其實更容易區別哪些投資是好的投資，哪些不是。」

渤健推動回購計畫並增加舉債後，還得進行改組，才能確保資源用在刀口上。要和員工溝通這件事情並不容易，何況公司才剛買回 50 億美元的股票，更加難以啟齒。

你認為渤健在宣布花 50 億美元回購股票的同時，透過解雇員工進行改組是否合理？為什麼或為什麼不？

一方面，這兩者是獨立決策，一個是要確保公司營運盡可能達到最有效率的情況，並且不管籌資決策如何，都應該要推行。但另一方面，兩者恰好同時推行會讓人質疑為什麼增加資本支出（並提供相應職缺）不是主要目標。財務就是這兩項決策的交集，因此克蘭西向資本市場與員工溝通的能力至關重要。財務長扮演的角色日益吃重，正是因為他們的決策很重要，也因為他們必須具備提升效率與進行資本配置的能力，這也是我們第六章會涵蓋的主題。

海尼根：打造墨西哥酒廠

2015 年，海尼根決定投資 4.7 億美元在墨西哥赤瓦瓦州（Chihuahua）新建酒廠。這項策略決策對於海尼根而言非常重要，在制定這項決策時，海尼根也考量了長期的價值創造力。讓我們來看看海尼根做出這項決定時，考量了哪些事情。

海尼根財務長德布羅克斯表示，海尼根首度進軍墨西哥是在 2012 年，收購墨西哥大財團芬莎公司（Femsa）旗下酒廠。乍看之下，進軍墨西哥對總部

位於荷蘭的海尼根而言是個詭異的決策，但實際上，這項做法背後蘊藏許多策略因素。墨西哥是一塊很大的市場，是海尼根第二大市場的兩倍大，而且相較於已開發國家，墨西哥更具經濟成長潛力。

人口結構也讓墨西哥前景看好。為數不少的墨西哥年輕人即將達到法定飲酒年齡，成為消費者。美國的傳統啤酒市場停滯不前，但墨西哥啤酒與精釀啤酒市場都在成長中。透過收購芬莎旗下的 Tecate 酒廠，海尼根同時掌握了 Tecate Light 與 Dos Equis 兩大品牌（兩者在美國都快速成長），未來可能也會在歐洲獲得青睞。因此，德布羅克斯與她的同事決定要投資新廠，後來成為海尼根史上最大的一筆投資案。

你覺得為什麼像德布羅克斯這樣的財務長在看一個計畫案的淨現值（NPV）之前，通常會先從策略的角度思考？如果價值創造意味著挑選淨現值為正的計畫案投資，策略分析又能提供什麼好處？

策略分析可以幫助財務長把重點放在最有可能創造正淨現值的計畫。針對各項計畫案做預估時，必須了解該項計畫在整體策略上的重要性，以及計畫和公司整體的互動關係。

德布羅克斯必須正確判斷產能。工廠要蓋多大？如果投資太少，就會犧牲原本可以賺到的營收與銷售量。德布羅克斯說：「那當然是個好問題，是我們想要遇到的問題，因為如果我們五年後必須思考要不要再建一座酒廠，就代表我們在那個國家銷量越來越好。」但低估產能可能得付出高昂的成本。

在設計新酒廠的時候，德布羅克斯需要權衡未來產能與當下要投入的建置成本。想想資金成本與金錢的時間價值，你覺得她可能需要擔心哪些事情？

海尼根現在就必須承擔蓋酒廠的成本，因為產能增加而產生的利益則要在未來才能回收。很久以後才能獲得的現金流在折現之後，可能沒有辦法抵過當下的支出，因此，德布羅克斯經常需要在提高未來產能以增加現金流與當下的成本之間取得平衡。如同她提到的：「當你在評估一間新酒廠的時候，要讓供應鏈的員工坐在駕駛座上，他們在像海尼根這樣的公司中，吸取了非常多的經驗，可以明確告訴你這個計畫的成本是多少、會有多複雜。」

由於海尼根的供應鏈員工經驗豐富，通常可以準確預估成本與建置時間。德布羅克斯向他們取經、

算出數字後，再搭配她對銷售量與生產力的假設，建立傳統財務模型，並特別注意淨現值與內部報酬率。在做這類計算的時候，公司會有一套規則與基準。舉例而言，依據計畫案的性質，公司可能會覺得，如果在五到七年內沒辦法回收初始成本的話，計畫案的風險就太高了。計畫案單獨拉出來看可能都不錯，但如果與類似計畫比較後發現，數字太漂亮或差距太大，那麼有可能是公司的疏漏。德布羅克斯說：「但這仍然是一個值得思考的問題，如果那一項計畫案的重點全然在於要達到某個程度的獲利能力，或者是締造你在公司其他地方從未見過的亮眼 EBITDA 營收，你就要思考，為什麼其他地方沒辦法達成的事情，在這個案子上可以達成？」那是相當重要的討論。

如果你預測的現金流錯了怎麼辦？如果酒廠表現不如預期呢？回想我們提過的沉沒成本與夏普堺廠的故事。你有哪些選項？

就算酒廠表現不如預期，現值還是有可能為正。建立酒廠的成本是沉沒成本，因此在酒廠落成之後，這筆成本就與決策無關了。每一項決策（包括：要不要售出酒廠、調整經營方式等）都是新的決策，公司要為那些新決策計算新的淨現值。

請注意有些問題的答案不只一個。

1. 下列何者可能是價值的來源？（請選擇所有適切的答案。）

   A. 超過資金成本的資本報酬
   B. 再投資獲利以使公司成長
   C. 毛利
   D. 每股盈餘

2. 什麼是 beta 值？

   A. 股東權益報酬率（ROE）
   B. 用以衡量某支股票與大盤的連動程度
   C. 用以衡量稅負對公司的加權平均資金成本（WACC）的影響程度
   D. 用以衡量 ROE 比資金成本高多少

3. 想像某間有三個部門的企業集團。部門 A 的資產 beta 值 0.5，部門 B 的資產 beta 值 1.0，部門 C 的資產 beta 值 1.5。如果公司用平均值 1.0 來衡量所有部門的投資計畫，哪一個部門會過度投資？

A. 部門 A

B. 部門 B

C. 部門 C

D. 都不會過度投資

4. 如何判斷你的債務資金成本？

A. 借錢給你的人會告訴你目前的貸款成本

B. 用你的流動比率乘上信用評等，再加上無風險利率

C. 用你的權益資金成本乘以 1 減稅率

D. 用你的 WACC 扣除權益資金成本

5. 某間公司的資本報酬率 5%、資金成本 10%，它的股價淨值比是多少？

A. 大於 1

B. 小於 1

C. 等於 1

D. 我需要更多資訊才能判斷

6. 是非題：你永遠可以靠加大槓桿度來提升公司價值。

A. 是

B. 否

7. 如何判斷權益資金成本？

A. 詢問你的股東或他們在董事會的代表

B. 用無風險利率加上你的權益 beta 值與市場風險溢酬的乘積

C. 拿你的權益資金成本乘上 1 減稅率

D. 用你的 WACC 扣除債務資金成本

8. beta 值高的公司具備：

A. 高權益資金成本

B. 低權益資金成本

C. beta 值與權益資金成本無關

D. 要看公司的流動性

9. 為什麼公司應該投資淨現值為正的計畫？

A. 藉此調整資本結構，增加權益比重，降低債務比重

B. 因為所有計畫的淨現值都為正

C. 因為它們風險比較高，所以報酬較高

D. 因為它們的報酬率高於資金成本，所以可以創造價值

10. 一間資本報酬率長期維持在15%、資金成本12%
的公司要如何讓價值極大化？

    A. 盡可能把獲利拿去再投資

    B. 盡可能以股利形式發放獲利

    C. 盡快清算公司資產

    D. 提供恰好等同於資金成本的股利

章節總結

在本章，我們提出了幾個困難但非常重要的觀念。首先，我們找出價值的來源，並明確說明如何創造價值。公司必須打敗資金成本，而且要一直維持下去，還要不斷成長。價值創造的必要條件就是超越資金成本。

討論資金成本的意思是什麼？第一個大概念是資金成本與資金提供者的預期報酬有關，而預期報酬會依據投資人承擔的風險而定，並且按照債務、權益的比重算出這項投資計畫的加權平均成本權重。權重高低因產業而異，並且要按照稅率調整，因為利息支出可以節稅。

第二個重要觀念是資本資產定價模型。權益資金成本是隱藏成本，你要仰賴其他資訊才能嚴謹地研判出權益資金成本。由於我們身處在一個可以分散投資的世界，因此在衡量資產風險的時候，最好的衡量方式是看投資標的的 beta 值，而不是波動度。

最後一個觀念是 WACC 要謹慎使用。你不能直接把 WACC 輸出到其他投資中，也不能選定一個

WACC 就一體適用地套用到所有投資上。最後，你也不能在達到最佳資本結構之後，單靠增加舉債就提升公司價值。

下一個章節，我們首先會將 WACC 與自由現金流的觀念結合，建立企業評價的基礎，再奠基在這個基礎之上來思考，一般如何估算資產價值。

第五章

評價的藝術與科學

如何估算房子、教育、投資計畫、公司的價值

不管你是買股票、公司、房子或投資教育，都需要經過評價的流程。一個投資提案是否合理？該出價多少？這些基本上都是與評價相關的問題。財金領域有一套嚴謹的工具可以幫助你做這些決定。試想以下例子：

2012 年年尾，報導指稱臉書砸了 30 億美元買下 Snapchat。到了 2016 年，Google 對 Snapchat 的評價據傳是 300 億美元。2018 年上半，股票市場估算 Snapchat 的價值是 170 億美元。這些相去甚遠的數字究竟是怎麼算出來的？

2018 年年中，迪士尼與康卡斯特競逐 21 世紀福斯（21st Century Fox）收購權，收購價格水漲船高。它們怎麼知道要出價多少？為什麼雙方的出價遠高於股價反映的估值？

花錢進修是否值得？我應該買房還是租房？我的朋友玩比特幣大賺一筆，我是不是也該來買一下？

在前幾章中，我們討論了公司如何創造價值，以及風險和報酬之間的關係。我們也討論到現金的重要性。在本章，我們要把這兩件事情串在一起，建構出評價的方法。

雖然評價方法本身相當嚴謹，但有一點要謹記，評價是一門藝術，而不是科學。準確來說，這是一門本於科學的藝術。評價很主觀，容易發生偏誤，給出的答案也常模稜兩可。這樣聽來，評價可能不怎麼讓人心服口服，但它仍是唯一一個讓你在這些重要抉擇上做出明智判斷的方法。雖然評價的過程存在模糊地帶，但過程的重要性絲毫不亞於評價的結果。要充分了解一個事業，就必須要評估事業可能面臨的各種情境，每個情境發生的機率與開展模式。因此，即便評價的過程存在瑕疵和問題，依然得仰賴它才能做出穩健的管理決策。

本章的前半會著重在評價中科學的部分，並詳細釐清執行方法。後半部則進入藝術的部分，探討評價中的主觀成分和操作空間。

兩種不同的評價方式

由於評價沒辦法做到百分百精準，交叉使用不同的評價方法可以獲得比較精準的結果。世界上沒有任何一種方法可以彈指變出正確價值，但是可以透過同時使用多種算法來找出接近真實狀況的結果。最

重要的兩種評價方式就是乘數（multiples）和現金流折現。我們先從乘數開始談起。其實你八成已經在日常生活中運用過乘數了，只是你可能沒意識到那是乘數。在了解乘數有哪些弱點以後，我們再進入企業評價的黃金準則：現金流折現。

乘數

　　乘數是將資產的價值與某個相關的營運指標進行比較後得出的比率。這是評價最基本的概念，也是創造乘數時唯一需要遵循的規則，因此乘數的變化非常多樣。進行評價時常用的一個乘數是本益比（price-to-earnings ratio, P／E ratio）。本益比是公司股價除以每股盈餘（earnings per share），或是公司權益價值除以淨利。假設相除後得到的數字是十五倍（15X），代表你願意為公司產生的每1美元盈餘付出15美元。本益比好計算又容易理解，是比較不同公司的簡易手法。

　　十五倍的本益比可能會讓人摸不著頭緒。為什麼有人會願意為了1美元的盈餘付出15美元呢？簡單來說，這個十五倍的本益比反映的其實是財金世界

中無所不在的思維：對未來的預期。所以當你付出資金時，為的不只是那1美元的收益，而是你預期將會有一筆比一筆高的未來收入。這樣說是否代表同產業的公司乘數都一樣呢？由於各家企業的盈餘成長速度不同，且外界對各企業的盈餘品質也有不同評斷，因此同一個產業內的不同公司可能會有不同的本益比。本益比數字間的差距應該會讓人想到另一個問題：為什麼這家公司的1美元盈餘會比另一家公司的1美元盈餘值錢那麼多？是這家公司的營運真的遠遠勝過另一家，還是其實它的價值被高估了？

　　我們在第二章提到，盈餘這個衡量指標其實有缺陷，因此我們會用其他指標來建構乘數，如：稅前息前折舊攤銷前盈餘（EBITDA）、營業現金流或自由現金流。在第四章，我們也看到了另一種重要的資金提供者：透過債務提供資金的債權人。乘數中也應該要反映出公司有舉債這個籌資選項。這兩課的重點就反映在企業價值（enterprise value, EV）／EBITDA乘數中，其中EV代表一家公司債務和權益的市場價值加總，或事業整體的價值。EV／EBITDA乘數可以幫助我們比較資本結構不同的公司。

　　乘數該怎麼使用呢？表5-1列出三家美妝產業大

廠和它們 2016 財務年度年底的 EV／EBITDA 乘數。

寶僑（Procter & Gamble, P&G）這間公司排名產業第四，2016 財務年度的 EBITDA 為 174 億美元。如果以表中的乘數平均值 12.5 來計算，就是把 P&G 的 EBITDA 乘上 12.5，得到 P&G 的企業價值大約是 2,176.7 億美元。

做完這個練習後，你有什麼想法？這個練習帶出幾個問題：(1) P&G 只做美妝嗎？(2) 這幾家公司服務的地理區域和客群都相同嗎？(3) 他們配銷產品的方式都一樣嗎？P&G 在 2016 年年底的企業價值是 2,421 億美元，換算下來，P&G 的股價反映 13.9 倍的 EV／EBITDA 乘數。

乘數的運用和很多其他財務概念一樣，乍看很奇怪，但其實你可能早就已經會了。你在做其他重要的財務決策時，可能已經運用過乘數，例如：買房子

表5-1	三家美妝公司 EBITDA 乘數，2016 年
公司	EV／EBITDA比率
雅芳	8.91
萊雅（L' Oreal）	17.42
資生堂（Shiseido）	11.20

的時候。我們大多數人要判斷一間房子值不值得投資時，會看「每平方英尺（或公尺）的價格」，這其實就是一個乘數。計算時，你用房價除以總面積，就像是把價值除以一個營運指標。同一個社區的其他筆交易也可以拿來做參考（例如：「親愛的，你有沒有看到我們同一條街的那間房子每平方英尺賣到 600 美元？我們發了！」），評估房子到底有沒有這個價值（例如：「同一條街那間房子每平方英尺才賣 300 美元，為什麼我們要付 400 美元？」）。這些看法其實就和私募股權投資人說：「我們以八倍 EBITDA 乘數買下那間公司」是一樣的概念，並沒有哪一個比較複雜或簡單。（譯注：1 平方英尺相當於 0.28 坪。）

乘數的優缺點

這段討論點出了許多乘數的優點。乘數容易計算也方便解釋，而且很有說服力，因為它奠基在當時的市價之上，代表真的有人對一家公司做過評價，而且不只是在試算表上紙上談兵，還按照評價結果採取行動。最後，由於乘數很容易套用，所以好像可以用來對公司（和房子）進行既迅速又直觀的比較。但重

推特 vs. 臉書

乘數其實是一個有操作空間的評價方式，任何營運指標都可以拿來用。我們以推特（Twitter）的首次公開發行案為例。如果時間回到推特上市前，你會怎麼對推特進行評價？當時推特還沒有獲利或 EBITDA 的數字，再退一步，連營收都不多。但推特肯定還是有它的價值。當時，市場各方認為重點在於推特的用戶群很有價值，因此以營收模式類似的社群媒體公司臉書來類比，計算臉書每個用戶的價值，再用這個乘數對推特進行評價。

舉例來說，臉書每個用戶的價值略高於 98 美元〔以股票總市值除以活躍用戶數（1,170 億美元除以 11.9 億活躍用戶）〕；領英的每個用戶價值大約是 93 美元（240 億美元除以 2.59 億個活躍用戶）。推特股票上市幾小時後，交易價格顯示市場對推特的 2.32 億用戶群的評價為每位用戶價值 110 美元。右圖顯示推特和臉書從 2013 年 11 月至 2018 年下半年的相對股價走勢。

拿臉書用戶和推特用戶相比明顯出了問題。為什麼？原因很多，例如：

- 平台用戶參與度不同。
- 用戶群人口組成不同。
- 兩個平台的用戶群變現可能性不同。

這個例子彰顯了乘數評價法可以被操弄，而且可能導致嚴重後果。錯誤類比與假設可能使評價結果錯得離譜。

推特股價 vs. 臉書股價，2013 至 2018 年

點是，只是「好像」如此。

雖然用乘數比較公司是一個省時又簡便的方法，但乘數本身有很多缺陷。輕鬆做比較、本於市值的邏輯使乘數廣受青睞，但也正是這幾項特質讓人惹上麻煩。首先、也是最重要的一點：有時候很難判斷兩個標的是否能類比。回到買房的例子。單位價格其實忽略了很多因素。某間房子可能看出去有不錯的景觀，另一間看出去是停車場。某間房子可能是鋪長地毯，另一間房子則是鋪設 1800 年代留下的原木地板。種種因素都會導致兩間房子的單位價格有所落差。

不過，1 美元的盈餘無論如何都還是 1 美元盈餘，對吧？假設你現在正考慮投資 eBay，並拿 eBay 與蘋果做類比，著手進行評價。以 2015 年 12 月 31 日的數字來看，eBay 過去一年的每股盈餘為 1.60 美元，同一時間蘋果的股價是 EPS 的 12.7 倍。拿蘋果 12.7 倍的本益比套在 eBay 的每股盈餘上，就會得到每股 20.32 美元的股價評價。

eBay 當天實際的收盤價是 27.48 美元，比評價高出 7 美元。看到比較結果反映的數值差異，你可能會認為要不是市場高估了 eBay，就是 eBay 真的前景出眾，再不然就是蘋果股價被低估了。

但是拿蘋果來和 eBay 相比真的合適嗎？八成不合適。蘋果賣的是產品，eBay 則是一個媒合買賣家的網路交易平台。eBay 算是亞馬遜或是臉書的同類嗎？也不太算。市場上其實很難找到事業和營收模式真的可以和 eBay 類比的公司。但用乘數做評價的時候，往往會讓你誤以為有那樣的公司存在。

即便同業間類比相對單純，但仍然不能帶著 1 美元就絕對是 1 美元的想法來進行乘數分析。某家公司的盈餘成長速度可能遠勝過另一家，如此一來，乘數分析仰賴的隱含假設就不再適用。此外，各家公司在計算盈餘的時候需要做各種權衡，可能導致從盈餘推導出的乘數無法類比。投資人有時候會提到盈餘的「品質」，那個意思就是某些公司的盈餘較其他公司更能穩定維持。拿一家公司的乘數硬套在另一家公司上，無異於假定兩家公司的成長軌跡和盈餘品質基本上相同，但這種假定可能是錯的。

本於市值的概念固然是一個優點，但它也可能是個缺點。你的鄰居每平方英尺付了 500 美元高價，不代表你就要跟著犯一樣的錯。其實那正是房地產泡沫爆發時的問題。如果你認為跟著人群走就對了，遲早會碰到大麻煩。因此，我們需要更好的評價方法。

美國知名連鎖速食餐廳 Shake Shack 的評價

Shake Shack是一家迅速竄紅的速食餐廳，2014年上市後，股價從原本的21美元飆升至47美元到90美元之間。但Shake Shack 和其他連鎖餐廳同業比較起來究竟如何？在這個案例中，我們用連鎖餐飲公司的評價除以門市數量（零售中非常重要的一個營運指標）來更精準地比較Shake Shack 和其他擁有更多門市的老牌連鎖餐飲公司（見長條圖）。

Shake Shack 的單店評價比同行高出許多。在這個案例裡，乘數可能會讓你對Shake Shack 做出較高的評價，因為它的成長軌跡較其他同業突出，但你也可能因此懷疑 Shake Shack 的價值被高估了，並自問：Shake Shack 到底做了什麼和麥當勞（McDonald's）很不一樣的事情？折線圖畫出了 Shake Shack 上市後的股價表現。

頂尖連鎖餐飲公司評價，2014 年

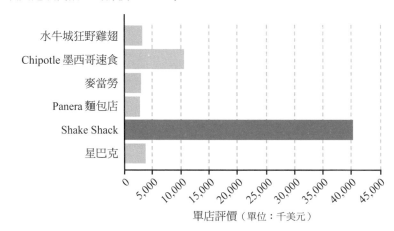

Shake Shack 股價表現，2015 年 1 月至 2018 年 9 月

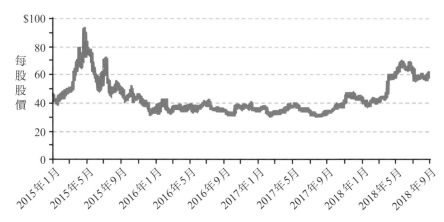

資料來源：Whitney Filloon, "How Does Shake Shack's Valuation Compare to Other Publicly-Traded Chains?" Eater.com, May, 2015.

有問題的價值評估方法

在介紹評價的黃金準則之前，我們先來看兩個有問題的評價方式。

回收期間

第一個有問題的評價方式是看投資人要多久才能回本，也就是看回收期間（payback periods）長短。只要比較最初流出的資金金額和後續流入的資金，並設想：我在哪一年會把錢收回來呢？就好了。用這種方式來評斷一個計畫值不值得投資好像很有道理，畢竟人總是希望能夠快點回本。

我們現在要練習從兩個投資案中做選擇，透過實作了解用回收期間評估投資案的問題。兩個案子都需要 90 萬美元的資金，你要用回收期間長短當作選擇標準，從中二選一。表 5-2 列出了這兩個投資案的預期現金流。

你會選哪一個案子？A 投資案的回收期間不到兩年，B 投資案的回收期間要三年。如果你用回收期間作為決策條件，就應該要選 A。

從這個案例可以看出，用回收期間做評價有嚴重的問題。用這種方式比較不同時期的現金流，忽略了金錢的時間價值。再來，更嚴重的問題是用回收期間進行評價所得出的答案，只是單純的年數，但幾年回本並非我們關注的重點，我們在乎的是投資案可以創造多少價值。用回收期間進行評價，可能會讓你選擇比較快回本的選項，卻錯失了能夠創造較多價值的投資機會。

如果以 10% 的折現率來看，A 投資案的淨現值是 193,160 美元，B 投資案的淨現值則是 354,700 美元。以回收期間為標準會讓你選到淨現值較低的選項，而創造較少價值。從這裡就能看出為什麼用回收期間做評價分析存在一些嚴重的問題。

內部報酬率

內部報酬率（internal rates of return, IRR）是另一

表5-2	回收期間及內部報酬率分析的問題	
	A 投資案	**B 投資案**
第 0 年	-$900,000	-$900,000
第 1 年	500,000	0
第 2 年	500,000	0
第 3 年	300,000	1,670,000

全球每平方英尺房價比較

右表列出全球二十五座城市的房子每平方英尺平均要多少錢。如表所示，價格落差非常大，從開羅每平方英尺 77.20 美元到香港每平方英尺要 2,654.22 美元。為什麼會差這麼多？有時候是因為價格反映需求：價格與平均收入水準連動。不過在像香港、倫敦、紐約這些城市，需求其實來自世界各地，因為這些城市是全球商業中心。供給的影響也很大，像香港面積狹小，能夠容納的房地產數量有限。此外，當地政府政策也可能限制建物數量，並因此限縮了市場上的住房供給（這是舊金山房價居高不下的原因之一）。

全球二十五個城市的每平方英尺房價

排名	城市	每平方英尺房價
1	埃及，開羅	$77.20
2	墨西哥，墨西哥市	172.05
3	比利時，布魯塞爾	348.29
4	泰國，曼谷	367.15
5	巴西，聖保羅	405.98
6	丹麥，哥本哈根	492.94
7	西班牙，馬德里	504.83
8	土耳其，伊斯坦堡	527.68
9	阿拉伯聯合大公國，杜拜	549.80
10	德國，柏林	680.51
11	荷蘭，阿姆斯特丹	795.06
12	瑞典，斯德哥爾摩	805.37
13	義大利，羅馬	972.13
14	加拿大，多倫多	990.06
15	澳洲，雪梨	995.08
16	中國，上海	1,098.94
17	新加坡	1,277.22
18	瑞士，日內瓦	1,322.00
19	奧地利，維也納	1,331.57
20	俄羅斯，莫斯科	1,366.96
21	法國，巴黎	1,474.08
22	日本，東京	1,516.35
23	美國，紐約	1,597.08
24	英國，倫敦	2,325.90
25	香港	2,654.22

資料來源：Global Property Guide, globalpropertyguide.com.

個經常用來衡量投資計畫案的評價方式。IRR 分析的問題不像回收期間那麼大，其中一部分的原因是 IRR 與現金流折現連結很深。不過以 IRR 作為評價方式仍然有它的問題。我們在介紹折現的概念時，是利用預期現金流和折現率來找出現值。

IRR 則是把這個概念顛倒過來，推算能使未來現金流折現值為 0 的折現率。計算 IRR 的公式如下：

$$0 = \text{現金流}_0 + \frac{\text{現金流}_1}{(1+\text{IRR})} + \frac{\text{現金流}_2}{(1+\text{IRR})^2} + \frac{\text{現金流}_3}{(1+\text{IRR})^3} \cdots\cdots$$

換句話說，做 IRR 分析是為了知道，如果現金流流量如期實現，投資計畫的報酬率是多少。IRR 的概念很有道理，因此廣獲使用。計算出 IRR 後，再與 WACC 或折現率相比，概念和我們第四章做過的價值創造練習有點相似。不過這種分析方式還能出什麼問題呢？為什麼不能只用 IRR 來分析一筆投資案？

雖然這種分析方式很有說服力，但 IRR 有兩個問題。首先，IRR 注重的是報酬率而非價值創造，因此可能會把你導向錯誤的選項。當你在比較兩個投資案時，IRR 比較高的投資案實際創造的價值可能比較少。謹記，你最想做的事情是創造價值，而非創造最高的報酬率。

其次，如果未來現金流是先流出，再流入，然後又流出，再流入（而不是單純先流出再流入），用 IRR 分析就可能算出錯的答案。更別提 IRR 除了有這些問題外，分析起來也沒有比較容易。計算出來的 IRR 必須和 WACC 進行比較，因此還要計算預期現金流流量，需要的資訊和第二章計算折現時一樣多。

讓我們回頭用前面提到的例子來看看 IRR 的第一個問題（請見表 5-2）。A 投資案的淨現值是 193,160 美元，B 投資案的淨現值是 354,700 美元。現在了解了 IRR 的概念，就可以計算兩個投資案的 IRR。A 投資案的 IRR 是 22.9%，B 投資案也是 22.9%。只看 IRR 而不看淨現值會讓人忽略兩個投資案的差異。IRR 分析顯然忽視了這兩個投資案相比之下明顯的優劣之處。從某個角度來看，這對於企業管理者而言會是個問題，因為管理者的首要目標應該是創造價值而非提高報酬。

現金流折現

　　現金流折現是企業評價的黃金準則。值得高興的是，現金流折現法其實就是合併第二、三、四章所學的重要概念。我們在第二章學到，資產的價值源自於它產生未來現金流的能力，而每一筆現金流價值不同，需要經過折現來轉換成現在的價值。在第四章，我們又看到適切的折現率會因投資人的預期報酬而異，因為對企業管理者而言，投資人的預期報酬就是公司的資金成本。最後，我們還在第三章學到，要拿到進行這種評價方法所需的資訊並不容易。

　　我們先取第二章學到的基本折現公式，並稍做調整：

$$現值_0 = \frac{現金流_1}{(1+r)} + \frac{現金流_2}{(1+r)^2} + \frac{現金流_3}{(1+r)^3} + \frac{現金流_4}{(1+r)^4} \cdots\cdots + 終值$$

　　這個公式最後出現了一個新的詞彙：終值（terminal value），我們很快就會回過頭來解釋它。

　　雖然多了一個新的項目，但基本邏輯相同。現在的價值來自於對未來現金流的預期。我們必須設法預測未來的現金流流量，並決定要採用哪一種現金的定義以及折現率要設定在多少。

自由現金流

　　如果你還有印象的話，自由現金流指的是資產產生的現金流中，真正能夠自由使用，且真正屬於現金的部分，也是扣除所有成本和費用支出後，資金提供者可以支配的現金。自由現金流可以投入新的投資計畫案或分配給資金提供者。

　　快速回顧一下計算自由現金流的基本公式：(1) 先預估營運資產產生的稅前息前盈餘（EBIT）；(2) 扣掉稅負金額，得到稅後息前盈餘（EBIAT）；(3) 把根本不應該被扣掉的折舊、攤銷等非現金支出加回去；(4) 再把投資於營業資金和固定資產的金額扣掉，反映事業的資本密集度。

　　第一步：預測未來現金流。想像你的公司正在評估要不要投資一個新的實驗室。

- 實驗室需要在第 0 年投入初始資本支出 250 萬

以現金流折現分析評估是否應該買房

前面提到的買房決策案例可以幫助我們了解現金流折現分析相對於乘數的重要性。如果不用乘數而是用現金流折現來分析該不該買房，要怎麼進行呢？

在使用乘數時，你的分析其實就只有看同社區其他房子每平方英尺的平均售價而已。要做現金流折現分析就要問：擁有房子會涉及哪些現金流出入？有幾個很明顯的答案。每隔一段時間，你可能就要花錢換新屋頂，這會成為自由現金流分析中的資本支出。買了房子也可能影響要繳的稅額。不過對現金流影響最大的應該是省下了房租。所有計畫案的現金流都是將各種現金流累加的結果，買了房子就代表你不再需要承擔房租的現金流出。因此，買房子的價值其實主要是在於省下房租錢。

用這種思維分析房地產投資可以避免買貴。2005 年前後房市泡沫化時，指向泡沫的關鍵指標就是租金收益率（rental yield ratio），也就是租金與房價比。只要進行現金流折現分析，可能就會發現你應該以租代買。使用乘數往往會使人忽略它對現況的諸多隱含假設，現金流折現分析則將這些假設翻出檯面。在這個案例中，現金流折現分析揭露的就是房市泡沫時眾人忽略的租買取捨。

美元。

- （投入營運）第一年的預期 EBIT 是 100 萬美元。

- 從第一年起，這 100 萬美元的 EBIT 每年將成長 5%。實驗室將在第五年年底結束營運，所有的資產將以殘值 100 萬美元售出。

- 在這個計畫案的存續期間，資產會折舊，也會需要不斷投入資本。折舊費用的淨值為 30 萬美元，第一到五年的設備維護資本支出共 30 萬美元。

- 計畫案需要的營運資金假設為 EBIT 的 10%。換言之，第一年公司 EBIT 從 0 美元成長至 100 萬美元需要 10 萬美元的營運資金。第二年，公司的 EBIT 從 100 萬美元成長至 105 萬美元，需要再投資 5,000 美元的營運資金。為求簡便，我們假設所有投入的營運資金在第五年結束營運時就沒有價值了。

- 公司適用 30% 的稅率，第五年資產售出不影響稅則。

用這些資訊自己建立試算表會是很有幫助的一個練習。表 5-3 的試算表列出了這個計畫案的自由現

金流，可供你對照。在建立這種試算表的時候，我覺得在最上方的區塊列出所有相關假設很有幫助。彙整好所有假設之後，我會開始填試算表，先從初始EBIT開始，再套用EBIT成長率算出各年的EBIT，然後扣除稅負支出，得到EBIAT。接下來就可以套用自由現金流的公式了。

這裡有幾個需要注意的步驟。第一，必須要非常注意計畫案的時程。第二，營運資金計算的不是營運資金金額，而是變化量。第三，我在計算最後一年的現金流時，把資本支出和資產處置的現金流加總，得到正的現金流。最後，建立一個記錄現金流入和流出項目的系統非常重要。這份試算表內，負數代表現金流出，自由現金流的總數則是所有數字的和。

第二步：套用WACC。這個事業的資金提供者可以自由運用事業產生的自由現金流，因此會用他們的預期報酬作為現金流折現用的資金成本，算出加權平均資金成本（WACC）。簡單回顧一下，WACC會把債務和權益兩種資金來源的成本都納入考量，按兩種資金對這項投資案籌資的重要性設定權重，再計入利息帶來的稅盾效果。資本資產定價模型可以幫助我們了解權益資金成本的來源，beta值則是呈現投資人

以分散投資視角衡量出的風險程度。

計算實驗室投資案的WACC時，有幾項實際狀況需要考量：

- 這種投資案的最佳資本結構通常為債務35%、權益65%。
- 無風險利率為4%。
- 這項新計畫的債權人會要求7%的利息。
- 市場風險溢酬為6%。

現在所有計算權益資金成本和WACC需要的資訊幾乎都到手了，就差beta值。要計算beta值，我們需要找出和這個計畫案承擔相似風險的公司，並把它們的每月報酬繪製成圖，再和市場報酬比較，畫出迴歸線（請見圖5-1）。

圖中迴歸線的斜率為1.1，代表beta值為1.1。接下來，用資本資產定價模型計算出權益資金成本，再用第四章的公式算出WACC（請見表5-4）。

最後一步是回頭預測自由現金流流量並算出淨現值。折現因子以1為分子，1加WACC為分母。最後，將所有自由現金流都乘上折現因子，並把乘積相加，計算出淨現值（請見表5-5）。

這個投資案的淨現值是106.9萬美元。淨現值為

表5-3	實驗室投資案評價

實驗室投資案的基本假設

EBIT成長率	5%
稅率	30%
營運資金占 EBIT 比率	10%

年	0	1	2	3	4	5
EBIT		$1,000.00	$1,050.00	$1,102.50	$1,157.63	$1,215.51
－ 稅負		−300.00	−315.00	−330.75	−347.29	−364.65
＝ EBIAT		700.00	735.00	771.75	810.34	850.85
＋ 折舊及攤銷		300.00	300.00	300.00	300.00	300.00
－ 營運資金變動量		−100.00	−5.00	−5.25	−5.51	−5.79
－ 資本支出	−$2,500.00	−300.00	−300.00	−300.00	−300.00	700.00
＝ 自由現金流	−$2,500.00	$600.00	$730.00	$766.50	$804.83	$1,845.07

正代表實驗室投資案可以為公司創造價值，因此應該要進行投資。如果要看現金流流量的現值，計算出來的結果是 356.9 萬美元。

第三步：計算終值。大部分的公司和許多投資案都以無限期為預設目標。在這種情況下，一般會選定一個你認為公司成長會穩定下來的時間（某一年），並透過一套簡單的計算方法總結出未來所有現金流的價值。這就是所謂的「終值」；終值在最後一筆的預期現金流中，總結了整筆投資的價值。

終值有兩種計算方式。第一種是用乘數。假設你設定的終點是投資後的第五年，你可以說公司屆時的評價是十倍的自由現金流。

另一種比較多人愛用的方式是「永續年金公式」（perpetuity formula），透過計算一組穩定現金

流的現值，靈巧地得出終值。如果你想計算的是一個不會成長的現金流的現值，那麼只要把現金流除以折現率就好了。

永續年金公式

$$\frac{現金流_1}{折現率}$$

當然，包含公司在內的諸多形式的永續年金（perpetuity）都會持續成長。如果有人提供保證會成長的年金，例如：每年投入 100 美元，年年成長 3%，那也有一個很簡單的公式可以算出這筆永

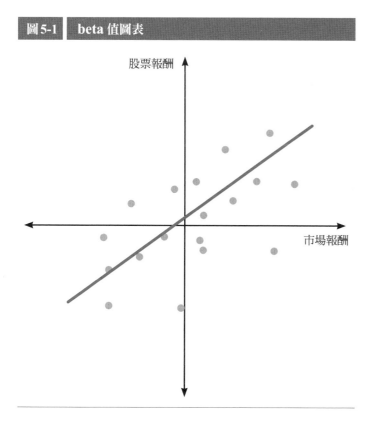

圖5-1 | beta 值圖表

股票報酬

市場報酬

表5-4 | 計算加權平均資金成本

債務比重	35%
權益比重	65%
稅率	30%
債務資金成本	7%
無風險利率	4%
市場風險溢酬	6%
beta 值	1.1
權益資金成本	10.6% ← 權益資金成本＝無風險利率 ＋ beta 值 × 市場風險溢酬
WACC	8.61% ← WACC＝經過稅盾效果調整的債務資金成本 × 債務占資本比率 ＋ 權益資金成本 × 權益占資本比率

表5-5	實驗室投資案評價

實驗室投資案相關假設

EBIT成長率	5%
稅率	30%
營運資金占 EBIT 比率	10%

年	0	1	2	3	4	5
EBIT		$1,000.00	$1,050.00	$1,102.50	$1,157.63	$1,215.51
－ 稅負		−300.00	−315.00	−330.75	−347.29	−364.65
＝ EBIAT		700.00	735.00	771.75	810.34	850.85
＋ 折舊及攤銷		300.00	300.00	300.00	300.00	300.00
－ 營運資金變動量		−100.00	−5.00	−5.25	−5.51	−5.79
－ 資本支出	−$2,500.00	−300.00	−300.00	−300.00	−300.00	700.00
＝ 自由現金流	−$2,500.00	$600.00	$730.00	$766.50	$804.83	$1,845.07
WACC	8.61%					
折現因子	1.00	0.92	0.85	0.78	0.72	0.66
現值	−$2,500.00	$552.46	$618.90	$598.36	$578.50	$1,221.13
淨現值	**$1,069.35**					

續年金的價值。只要將初始現金流除以折現率和成長率的差值，就能得到成長型永續年金（growing perpetuity）的現值，簡直就像變魔術一樣簡單。

成長型永續年金公式

$$\frac{現金流_1}{折現率 - 成長率}$$

真實世界觀點

雖然乘數有其問題，但它們其實可以用來檢驗現金流折現背後的假設，所以很多公司會在用多種方式做評價分析的時候，把乘數納入其中。摩根史坦利私募股權部門負責人瓊斯表示：

由於 EBITDA 乘數可以和現金流分析相連結，因此它其實可以用來充當一個快速、短期的替代指標。雖然 EBITDA 乘數已經發展出很多可以用於評價的形式，而且我們在看自由現金流乘數的時候，為了了解資本支出與營運資金投資額，往往會選用多個不同乘數，但 EBITDA 乘數依然是我們很常採用的一個乘數。

當我們在對某間企業進行評價的時候，通常會嘗試用多種指標來得出估值。首先，我們一定會用現金流折現分析，這是評價的出發點。現金流折現分析格外重要，也是因為它可以讓我們了解自己可以對這間公司做出哪些改變，藉此影響現金流現值。但我們也會去看其他相似公司在市場上的表現，通常就是看 EBITDA 或淨利構成的乘數。我們先看 EBITDA 乘數，再看可類比的收購乘數。後者的意思是去看近期的收購案中，其他公司收購與我們類似的標的時，付了多少錢。

我們在檢視評價時會自問：現金流折現分析告訴我們的是什麼樣的故事？那些相似的上市公司傳達了哪些訊息？那些可類比的收購乘數又傳達了哪些訊息？再來我們會去思考，以我們目前要收購的標的而言，最重要的資訊是什麼。有沒有哪一項資訊因為某種原因而格外重要？我們也會認真思考可以如何利用這三種方式逼出真實價值。但說穿了，一切的重點就是產生多少現金，以及我們有多大的能力去買下某個標的，或者說是未來持續流入的現金流。

如果把上述公式用在現金流折現分析上，這些公式得出的就是初始現金流在前一年的現值。例如，如果分子放的是第六年的現金流，公式得到的值就是第五年的現值。也就是說，如果要用這個公式得出當下的現值，要再折現一次。

如果這些公式這麼好用，為什麼不用這些公式就好了，而要用前面討論的試算表架構？簡單來說，有很多短期變動必須明確建入評價模型中，例如蓋新廠、銷售增長、成本削減等，那些變動對價值可能有很大的影響，所以只有當一切進入穩定狀態的時候，才可以套用上述公式。

這一個評價步驟當然也藏了陷阱，計算時要特別注意成長率的假設。假如整體經濟成長率是3%，但公司的終值成長率卻設定為7%就不是很實際。這個假設代表這家公司有一天會統治全世界，但我們並不認為事情會這樣發展。因此，長期而言，整體經濟成長率其實是在設想計算終值時該用什麼成長率時的可靠參考。

第四步：比較企業價值和市場價值。算出一家企業（實驗室計畫案）的價值以後，只要把這個數字除以股數，再和目前股價相比就好了，對吧？其實

不然。評價流程算出了這個事業的價值，而非事業的權益價值。事業的價值一般稱為企業價值（enterprise value）。回想第二章看到的自由現金流圖表，企業產生了現金流，這當中有一部分要付給債務和權益資金提供者，你也已經算出了這部分現金流的價值了。

有時候企業價值會比權益的市值高出許多。舉例來說，如果企業價值是100美元，公司有40美元債務，那麼權益價值就只有60美元。反過來說，公司市值也有可能遠高於企業價值，這種狀況特別常發生在持有大量現金的企業。

看看蘋果2013或2014年的狀況。蘋果的市值是5,000億美元，但蘋果手中還握有1,000億美元不需要用在營運上的多餘現金。因此，蘋果公司的實際隱含價值其實比市值還低。在這裡要點出一個重要概念是，要從企業價值推出權益價值，必須要考量企業有多少債務與現金。

圖5-2呈現蘋果2012至2016年間的企業價值和現金，對比蘋果債務和權益市值。圖中的隱含企業價值就是以市值搭配現金持有量和債務水位計算出來的。在對蘋果進行評價時，估出來的價值應該要和隱含的企業價值而非市值相比，因為這兩者間的差距可

乘數與永續年金

成長型永續年金其實提供了一個機會，讓我們從評價結果回推評價時做的假設。

我們以三家大零售商為例，看看市場認為他們的隱含折現率和成長率是多少。三家零售商分別是沃爾瑪（折扣連鎖零售商）、好市多（Costco，批發量販消費者零售商）和亞馬遜（線上零售商）。我們會拿表中三家的企業價值（簡稱「EV」，即：三家公司的債務和權益市值總和），和 EBITDA 數字做比較。

假設三家公司都已進入穩定成長期，從這些乘數來看，市場認為這些公司的折現率和成長率是多少？

仔細看沃爾瑪的數字。我們可以用代數來將 EV 對 EBITDA 乘數轉換為成長型永續年金公式。簡言之，乘數10倍的背後必須有與成長率相差 10 個百分點的折現率。舉例來說，乘數10倍可能代表折現率（r）為 15%，成長率（g）為 5%（$r - g = 10\%$）。而 7.97 倍的乘數可能代表這個成長型永續年金公式中，分母的（$r - g$）等於 1/7.97，約當 12.5%。而這又可能代表折現率是 18%、成長率是 5.5%，或折現率是 15%、成長率是 2.5%。

對好市多套用相同的算法會得到分母 $r - g$ 為 1/13.57 或

比較三家零售商的 EBITDA 乘數

零售商	企業價值對 EBITDA 比率
沃爾瑪	7.97
好市多	13.57
亞馬遜	46.42

7.4%。這可能代表折現率是 12.9%、成長率是 5.5%，或折現率是 15%、成長率是 7.6%。

亞馬遜的 EV 對 EBITDA 比率為 46.42，代表 $r - g$ 等於 1/46.42，或分母是 2.1%。這可能代表折現率是 7.6%、成長率是 5.5%，或折現率是 15%、成長率是 12.9%。

我們可以比較這些企業的價值和隱含的成長率。市場可能認為亞馬遜的成長率比好市多高，好市多的成長率又比沃爾瑪高。但市場也可能認為亞馬遜的風險比好市多低，所以折現率比較低，而好市多的折現率又比沃爾瑪低。市場也有可能整合兩種觀點。由於這三家公司的性質很相似，折現率很可能相同，所以 EBITDA 乘數的差異應該是來自於預期成長率的不同。

在這個案例及一般情況中，要留意一個重要的不同之

處，就是在對比乘數和現金流折現分析結果時，最適合用使用的乘數是自由現金流乘數，而非盈餘或 EBITDA 乘數。簡單來說，價值對應到的就是折現過的自由現金流，因此用 EBITDA 並不是非常精確。尤其是如果有大量未來資本支出時，未來 EBITDA 數字可能會比自由現金流的數字高出許多。

能超過 30%。

第五步：分析各種情境、預期價值和出價策略。建好評價機制、計算出一個情境的估值後，你可能覺得這樣就完成了。但事實上，真正有趣的部分才要開始。要完全了解一筆投資並算出資產的價值，就必須要仔細思考資產的「預期價值」。剛才的資產評價是建立在一套假設上，但如果你的假設是錯的呢？某些層面上來說，你的假設注定失準，畢竟世界不太可能會按照你的假設發展。

要得出正確的預期價值，比較適當方式是考慮可能發生的不同情境。例如：考量一個最糟情境、一個最佳情境和一個基本情境，並賦予每個情境相應的機率。創造這些情境和賦予相應機率是分析師的工作

中最重要的一個步驟。這個步驟中，必須要好好思考一個事業的本質以及未來發展。舉例來說，如果有 10% 的機率創造 120 美元的價值（最佳情境），70% 的機率創造 100 美元（基本情境），20% 的機率創造 10 美元（最糟情境或詐騙情境），那麼預期價值是多少？是 120 美元、100 美元，還是 10 美元？通通都不是。要算預期價值就必須要對各情境做機率加權。

預期價值的公式很簡單：

$$預期價值 = 10\% \text{ 現值（最佳情境）}$$
$$+ 70\% \text{ 現值（一般情境）}$$
$$+ 20\% \text{ 現值（最糟情境）}$$

套用這個公式就會算出上述例子的預期價值是 84 美元。

如果你要買下一間公司，得出預期現值且知道現值和企業價值有關，這些資訊對你的出價策略會有什麼影響？假設你算出來的預期價值是 84 美元，那會是你的起標價嗎？還是是你的最高願付價格？你願意出到最佳情境的 120 美元嗎？還是應該把最糟情境的價值當作最高出價？

預期價值應該是你的最後出價。如果你用預期

價值標下這筆案子，這筆投資的淨現值會是 0。淨現值是 0 這件事情本身沒有什麼問題，不過這樣一來你就沒有為自己創造任何價值了。所以預期價值應該要作為最高且最終的出價。而你的起標價應該要比預期價值低很多。假設你最後為了這項資產支付 75 美元，你實際創造了 9 美元的價值。除非你出的價格比預期價值低，否則你就不該期待購入這項資產會為你創造任何價值。如果你以最佳情境的價值 120 美元買下這筆資產，你其實是把價值拱手讓給賣家，而且即便最佳情境成真，也不會為你創造任何價值。你應該會摧毀屬於資金提供者的價值。

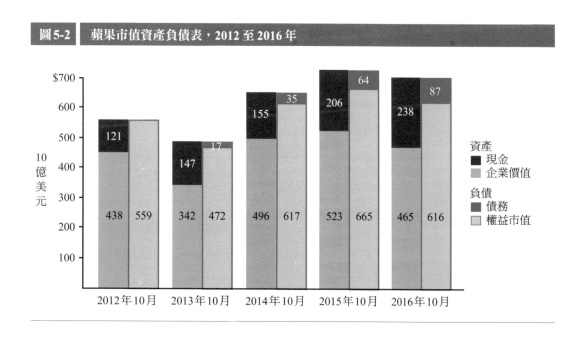

圖5-2　蘋果市值資產負債表，2012 至 2016 年

學歷值得投資嗎？

評價其實無所不在，在做人生最重要的投資時也不例外：該怎麼投資自己？念書到底值不值得花錢？2016 年 9 月一份美國總統辦事機構經濟顧問委員會（US Council of Economic Advisers）為歐巴馬政府製作的高等教育備忘錄指出，擁有學士學位的人在職涯中賺得的錢比工作性質相似、但只有高中學位的人多將近 100 萬美元。擁有副學士學位*的人賺的也比只有高中學歷的人多 33 萬美元。

如我們先前提到的，現金流的價值不能直接相加，而是需要先經過折現找到現值。擁有學士學位多賺的 100 萬美元現值是 51 萬美元，副學士學位多賺的 33 萬美元現值是 16 萬美元。如果準備申請學校的學生將這些評價結果減去受教育的成本，再套用淨現值法則（只要淨現值為正就投資），那麼只要拿到大學學位的成本低於 51 萬美元，就應該投資一個大學學位。通常這樣算下來都會得出正的淨現值，是否就代表投資什麼樣的大學教育都能成功提升薪資？不是，只是代表平均來說，大學教育值得投資，而非任何大學教育都值得花錢。

---

* 譯注：副學士學位（associate degree）是美國常見學位，讀完兩年制社區大學，並取得一定學分數，即可取得副學士學位。

評價上會犯的錯

接著讓我們來看看在進行評價時常犯的錯誤有哪些。評價是一門藝術，而非科學，所以其實需要做出不少主觀判斷。在企業宣布收購案後，收購方的股價應聲下跌並不罕見，代表市場認為收購金額過高，價值被轉移給被收購的公司。

這引導出一個問題，為什麼企業會一而再、再而三的出價過高？答案是，他們的評價流程肯定有地方出錯了。在這個部分，我想要特別點出三個主要錯誤，其他失誤在下一章會繼續討論。

忽略誘因

第一個錯誤是最常見的錯誤，就是人們很容易忽略參與收購案的各路人馬面對的誘因（incentives）。賣方肯定希望買方出價過高，而且賣方又掌握重要資訊來源，包含歷史財務數據。這個問題讓人回想起第三章的資訊不對稱問題。你覺得當賣方準備要售出資產時，會做哪些事情呢？賣方可能會透過加快銷售、延遲認列成本和刻意不做該做的投資讓數據看起來特別亮眼。由於存在這種情況，盡職調查就成為收購中不可或缺的部分了。

問題也不只出在賣方。一般而言，投資銀行要在交易完成以後才收得到錢，所以它們會希望你能成交。就連你公司內部分析過這筆交易的人都懷有一己之私。他們可能正等著升遷，想著要接手新收購進來的部門主管缺。所有參與交易的人都希望能夠成交，並暗中改變分析背後的基礎假設或預測，以求交易成真。大量的資訊不對稱導致出價和信心雙雙過高。

誇大綜效，忽略整合成本

綜效的概念是兩家公司在合併後，價值會比它們各自的價值相加還要高。表面上來看，綜效確實有其道理。舉例來說，你把兩個銷售團隊整併為一，再進行重整，應該能省下一些成本。兩家公司合併後的產能市占率會提升，議價能力就會更強。

想想看，如果亞馬遜和 eBay 合併，雙方的客群或供應商合而為一就會形成很強大的力量。後勤與運算成本也可能因為整併而減少。上述兩個都是綜效的例子。合併後，公司可能可以接觸到原本獨自經營時接觸不到的客群，或是能省下過去無法撙節的成本。

綜效的問題在於，綜效生效的時間以及綜效的效果常常被高估。收購方忽略了企業合併的複雜度，以及文化和工作方式的變革都需要時間。第二個相關的問題是，即便綜效評估合理，那些效益通常也會被收購方計入收購價當中，導致出價過高，因為那等同於把綜效創造的價值轉移給被收購的公司股東，不能算是收購方透過併購創造的價值的一部分。

低估資本密集度

心急的競標者常犯的另一個錯誤是，低估事業的資本密集度。要維持 EBIT 或自由現金流的成長，往往需要透過資本支出來擴充資產基礎。資本支出會降低自由現金流流量，每支出 1 元，自由現金流就減少 1 元，但急於成交的人往往會刻意不去看這件事情。舉例來說，計算終值時，通常會設想一個固定的永續成長率，但你在設定最後一年的試算模型時（也就是用於計算終值的基礎），卻假設資本支出之後會等於折舊費用，因此資產不會增長。像這樣低估資本密集度的做法，就會導致價值膨脹。

回顧第二章網飛的例子，網飛當時碰到的問題是，面對節節攀升的內容購買成本，公司該如何維持既有成長率。如果你預期網飛的訂閱用戶數會大幅成長，那麼你可能也需要仔細檢視一下背後涉及的資本密集度。同理，在對像特斯拉這樣的公司進行評價時，要看的不只是顧客成長多少，還要看特斯拉需要蓋多少工廠來滿足需求。如果低報資本密集度，評價的結果就有可能出錯。

實地演練

Spirit AeroSystems 投資案

2012 年，思格比亞資本投資了一家名為 Spirit AeroSystems 飛機零件製造商。當時，思格比亞資本認為市場低估了 Spirit AeroSystems 的價值。Spirit 先

前由波音擁有，而且波音是 Spirit 的超級大客戶，占了業務量的八成，但 Spirit 後來不只限於服務波音737機型，也開始製造空中巴士（Airbus）和灣流（Gulfstream）的飛機零件，還從波音手上接手了一個新的計畫案：打造省燃料的波音787夢幻客機（Dreamliner）。

市場對 Spirit 滿懷期待，但隨著對空中巴士和灣流零件的投資週期向前推進，Spirit 的每股盈餘從2美元跌破1美元，其中一個原因就是 Spirit 在估算獲利時做了錯誤的營運假設。還有一個原因是所有的投資時程都非常長（為期十到二十年），但成本在前期就要先認列，影響了損益表的表現，股價因此下跌。

當時，投資人是以本益比在評估 Spirit 的股價，而 Spirit 的盈餘下降得很快。在這個個案中，用本益比作為評價基礎可能產生哪些問題？

用本益比為 Spirit 做評價會碰到兩大問題。首先，Spirit 淨利被當作盈餘用，但第二章提過，用淨利來衡量經濟表現其實大有問題。第二，Spirit 的盈餘因為投資的前期支出以及 Spirit 獨特的會計系統而被暫時壓縮，因此，算出來的本益比其實是建立在這

些短期波動會不斷持續下去的基礎上。

思格比亞在對 Spirit 進行評價上其實很有優勢，因為 Spirit 是機身製造和機翼組裝這個利基市場的領頭羊，而思格比亞非常了解這門生意。有這樣的知識讓思格比亞得以深入檢視 Spirit 的經營狀況，判斷市場看到的問題是否真的是警訊。舉例來說，Spirit 在和波音打造787客機業務時，現金流大幅減少，原因是當時波音仍處在設計階段，因此製造流程受延宕。同時，Spirit 又握有大量零件存貨。對投資人而言，這種種情況都不樂觀。在多數情況下，這些訊息代表現在是放空這家公司的大好機會。

但經過仔細檢視以後，思格比亞發現這些情況完全不是問題。雖然 Spirit 的現金流是負值，但只會是一時的，只要專案進入製造階段就能反轉，對資產負債表的衝擊也會跟著消失。Spirit 和波音、空中巴士、灣流簽訂的合約都是長期合約，完整覆蓋新機型役期。換言之，只要這些公司繼續使用那些機型，就會交給 Spirit 製造。

為未來的專案提前囤積存貨可能伴隨哪些風險？試著從折現、金錢的時間價值和風險本質的角度思考看看。

185

會碰到的風險主要有兩種。第一，Spirit 現在付出去的錢其實是為了未來不確定收不收得到的現金流。第二，Spirit 其實在賭它囤積的存貨不會被市場淘汰或失去價值。第一個是所有類型投資都會面臨的風險，第二個則是存貨獨特的風險。

思格比亞對 Spirit 的投資也並非一帆風順。原先思格比亞有信心看到 Spirit 的本益比爬到每股 3.5 美元，股價衝破 40 美元。但思格比亞投資 Spirit 不久後，Spirit 又得付出一筆可觀的費用，導致原本盤旋在 20 多美元的股價下跌至 15 美元上下。當時，思格比亞必須決定應該加碼投資或是出清持股。有些投資人認為股價下跌是加碼投資的好時機，背後的思維是，市場資訊流通不全，為什麼不趁便宜時加倍投資呢？

思格比亞的投資團隊當時決定冷靜下來評估情況，審視最初的評價結果，並衡量最新的情況。最終思格比亞判定那些費用和過去一樣都是一次性的，並決定要加碼投資 Spirit。等到 Spirit 的這些重擔逐漸化解，客機專案也進入製造階段，Spirit 就開始按照思格比亞預測的軌跡發展。圖 5-3 顯示的是 Spirit 從 2010 至 2017 年的股價變動。

圖5-3 | **Spirit AeroSystem 的股價走勢，2010 至 2017 年**

戴爾的教訓

2013 年 9 月 13 日，世界上最具代表性的科技公司之一戴爾電腦管理層決定將自家公司收購下市。戴爾的創辦人兼執行長麥可・戴爾（Michael Dell）和私募股權公司銀湖（Silver Lake）合力買下戴爾。

自從 2013 年 2 月公布這項交易的決策以後，戴爾的股東就極力反對。有人指控麥可・戴爾在過程中扮演的角色有問題，最終鬧上法庭。實際走過一遍戴

爾管理層決定要進行收購下市的情境、競標流程以及
後續試圖為戴爾裁決出正確評價的訴訟流程，可以加
深前幾章學到的重要概念。

　　1983 年，還是大學新鮮人的麥可·戴爾在他德
州大學的宿舍創立了戴爾。不到 2012 年，戴爾已經
是全球知名的科技公司，產品包含電腦、伺服器和
儲存裝置。近期，麥可·戴爾開始認為公司要成功轉
型，就必須和許多競爭對手一樣，跨入軟體和服務的
市場。許多分析師不認同這種做法，且當時的營收並
無成長，盈餘也在下跌。種種因素使麥可·戴爾深深
覺得市場無法了解他的企圖。2012 年上半年，大盤
漲了 25%，戴爾股價卻從 18 美元滑落至 12 美元。麥
可·戴爾覺得自己被誤解得很嚴重，因此開始思考透
過管理層收購公司股份並下市的可能性。公司私有化
以後，他就可以重整公司，按照他的願景進行轉型，
無須受到公開資本市場的審視。

　　由於麥可·戴爾本人是可能買家之一，董事會
另外成立了一個委員會來審查這個提案。董事會和買
家都看了許多評價分析，其中買家包含私募股權公司
銀湖和KKR。到了評估各買家出價時，戴爾的股價
已經跌到剩下 9.35 美元。2012 年年底，戴爾公布營

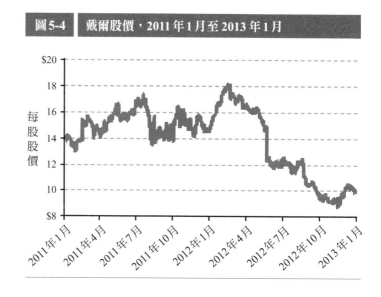

圖5-4　戴爾股價，2011 年 1 月至 2013 年 1 月

（縱軸）每股股價

收下降 11%，盈餘大減 28%（請見圖 5-4）。

　　要評估收購下市的提案，戴爾的董事會需要知
道兩件事情才能決定競標的底價：麥可·戴爾提出的
成本削減措施的大致價值以及私募股權基金會如何對
公司進行評價。

　　戴爾的管理團隊梳理出了 33 億美元的潛在成
本節省機會。在戴爾董事會的要求下，銀湖在 2013
年 1 月 3 日聘請波士頓顧問公司（Boston Consulting
Group, BCG）協助他們進行評價；波士頓顧問公司

建構了三種撙節支出的可能情境：

- 基本情境：沒有省下任何成本。
- 波士頓顧問公司 25% 情境：實現 25% 的成本削減。
- 波士頓顧問公司 75% 情境：實現 75% 的成本削減。

波士頓顧問公司認為 25% 情境是可以達成的，但是 75% 情境恐怕不太可能發生，因為後者代表戴爾的利潤率必須超過自己以及競爭對手歷來的表現。這讓戴爾的董事會大概了解現金流的狀況。接下來，戴爾的董事會需要知道私募股權公司會怎麼樣對戴爾進行評價。

當時的假設是戴爾會在下市四年半後再次公開發行，重回市場。以上列情境估算出削減的成本搭配其他預測性假設，推估出來四年半後三種情境的股價分別為每股 32.49 美元、35.24 美元和 40.65 美元，端看最後達成的是哪種成本削減情境。

獲得這些情境和未來股價資訊以後，摩根大通（JP Morgan）代表戴爾董事會設法訂出一個買家願意接受的價格。在私募股權的世界裡，逆向回推並不罕見。先決定未來預計賣掉公司的價格和你期望的

表5-6	波士頓顧問公司各情境的股價預測		
內部報酬率	基本情境，沒有省下任何成本	實現 25% 的成本削減	實現 75% 的成本削減
20%	$13.23	$14.52	$17.08
25	12.67	13.75	15.88
30	12.23	13.13	14.92

報酬率，再以報酬率進行折現來決定你現在的願付價格。表 5-6 以假設情境和假設的未來股價呈現出收購方在報酬率 20%、25% 和 30% 時的每股願付價格。

這個方式和現金流折現法有什麼不同？

在這個案例中，投資人在決定報酬率時，並不是看資產的風險，而是看他希望賺多少錢，再透過對未來預期現金流進行折現，決定他現在這個時間點願意付多少錢來換取未來收益。現金流折現分析的目的就是要找出合適的折現率，並判定資產現值。相較之下，這裡的方法則是先自己關起門來決定想獲得多少報酬，再去計算達成這個報酬率相應的出價。看起來和現金流折現分析非常相似，它依然是用現金流折現來找出一個數值，但這個方法的目的不是要評估價值

數額，而是要找到能夠實現理想報酬率的價格。

2013 年 1 月 15 日，銀湖和戴爾出價每股 12.90 美元收購公司股票。三天後，戴爾董事會拒絕了這個出價，並且決議要先訂出一個底價，才會再接受其他出價。

你認為董事會的底價應該訂在多少？為什麼？別忘了董事會的目的是要吸引投資人來競標戴爾公司，但又不能拱手讓出太多價值。此外，各種不同情境發生的可能性也需要考慮（你可以假設合理的發生機率）。這個問題的答案沒有對錯，因為答案取決於你的假設和信念。

依據預測數字，戴爾董事會決定先把底價訂在每股 13.60 美元，再開始招標流程。所有的潛在競標買家也都收到底價的通知。

贏家的詛咒

董事會開始邀請買家參與競標。最終，戴爾和銀湖勝出，以每股近 14 美元的價格買下戴爾。儘管得標價比市場上每股僅 9.35 美元的低股價高出 40%，

許多投資人還是有所懷疑，認為公司的實際價值應該要高出許多。投資人特別擔心這場交易的性質本身影響了競標流程，並提出兩點質疑。首先，麥可·戴爾很大程度上還是代表了公司和公司股東的賣家身分，經手賣方作業，但同時他又和私募股權公司銀湖共同參與競標。股東認為戴爾同時兼具買賣方身分，有利益衝突的問題。更重要的是，由於麥可·戴爾既是潛在買家，又是掌握所有資訊的戴爾執行長，造成資訊不對稱的問題。麥可·戴爾手上擁有最多關於戴爾公司的資訊，也知道要出價多少最好。競標完成後，任何出價比戴爾高的買家都會懊悔出錯價了，因為擁有公司最多資訊的人出了一個比較低的價格。這樣的「贏家的詛咒」可以縮短競標流程。

流程

我們來看看這場交易最後究竟是如何進行的。首先，2013 年 2 月 3 日，麥可·戴爾和銀湖提出了每股 13.65 美元的買價。股東立刻表達對這個價格的不滿。3月5日當天，卡爾·伊坎（Carl Icahn）和伊坎企業（Icahn Enterprises）提出戴爾應該以每股 22.81

美元進行槓桿資本重組（其中 9 美元為股利，13.81 美元為買價；槓桿資本重組會在第六章深入介紹）。3 月 22 日，投資銀行黑石（Blackstone）提出每股 14.25 美元的收購價，但後來表示「在競爭變得更公平以前」，不打算執行這個收購價。6 月 19 日，伊坎向戴爾的股東提議在董事會中另選一群董事成員來阻止收購案。

面對這些行動，麥可・戴爾和銀湖在 7 月 31 日將出價提升到每股 13.96 美元，並提案修改投票流程，降低提案通過所需的股東票數。董事會在 8 月 2 日全面通過了麥可・戴爾的提議。在 2013 年 9 月 12 日召開的臨時股東會上，股東通過了收購案，同意票占總股份 57%。

儘管如此，仍有許多股東感到不滿。部分股東不能接受麥可・戴爾對近期股票表現差勁的解釋，直指他刻意壓低股價，以降低他為了取得公司控制權付出的代價。有時企業的管理層可能會操縱公司營運或會計價值來粉飾績效（見第三章）；在這個案例中，股東認為麥可・戴爾利用經理人的權力弱化戴爾的表現，就是為了能夠在收購案中談得一個好價格。

戴爾公司最大的股東東南資產管理（Southeastern Asset Management）就對這樁交易表達憂心，表示成交價「嚴重過低」，並補充：「那看起來像是犧牲大眾股東的權益，換取能以遠低於內在價值（intrinsic value）的價格收購戴爾公司的行為。」[1]

仔細看一下戴爾從 2011 至 2012 年之間的表現（請見圖 5-4）。戴爾 2012 年整年的股價已經因為差強人意的數字而一蹶不振，8 月 16 日戴爾下修營運展望以後又進一步下探。當天，戴爾公司將預期營收成長率從 5% 至 9% 下修至 1% 至 5% 的區間。麥可・戴爾當時擔任戴爾公司的執行長，並已在 8 月 14 日決定將公司下市。

股東對於董事會處理這次收購的方式也頗有微詞。伊坎在某次備感挫折的時刻，如此形容了戴爾的董事會：「開個玩笑：『戴爾和獨裁政權有什麼差別？』答案是，多數獨裁者只要延後投票一次就能得勝……戴爾的董事會跟國內許多董事會一樣，讓我想到克拉克・蓋博（Clark Gable）拍的電影《亂世佳人》（Gone with the Wind）裡的最後一句話，他們就是『壓根兒不在乎』。」[2]

最後，股東對於競標進行的方式也不能認同。由於麥可・戴爾充分掌握公司的內部預測資訊，又有

哪個買家會跟戴爾提出的評價持不同意見？在後續的訴訟案件中，法官如此形容贏家的詛咒的問題：「人一旦知道別人的錢包裡有多少錢，就不會想要為那些錢出價競標了。」[3]

有這麼多問題存在，要執行公正的競標流程看起來幾無可能。如果你是麥可・戴爾的話，你會怎麼做來確保公平競爭？

雖然公開所有文件聽起來像是個不錯的解決方法，但對於麥可・戴爾來說，不利於他協商和提出有競爭力的出價。或許最好的解決方式是，無論作為買家或是戴爾的執行長，他都應該完全迴避參與相關流程。在當時的情境下，資訊不對稱的問題幾乎不可能忽略。華爾街分析師李昂・庫柏曼（Leon Cooperman）就形容這場收購案是「一樁管理層和股東對著來的巨大內線交易案」。[4] 外界諸多質疑聲浪最終訴諸法庭訴訟。股東要求法庭鑑定每股 14 美元的價值是否公允。

在這類型的訴訟中，雙方通常都會聘請專家證人提供他們對公司評價的意見，協助法官找出公司正確的價值。在這場訴訟中，兩位專家提出的數字天差

地遠，各自強化自身立論。銀湖和麥可・戴爾方的專家證人估算企業評價不到 13 美元，意味著每股 14 美元的收購價格其實已經給多了。自認被欺騙了的股東陣營也派出專家，提出每股近 29 美元的評價，是收購價每股 14 美元的兩倍有餘。

也就是說最後雙方的專家提出了每股 13 美元到每股 29 美元不等的估值，兩者間的總估值差距高達 280 億美元！為什麼雙方專家會提出天差地遠的評價結果？兩位專家的評價流程全部列入法庭紀錄中，成為加強重要評價觀念的最佳教材。

專家為什麼又怎麼會提出截然不同的評價結果？

第一點，可能也是最重要的一點，就是雙方運用波士頓顧問公司情境分析報告的方式很不一樣。股東陣營的專家在取用情境時，選取了成本削減成果十分樂觀的情境，而麥可・戴爾和銀湖方的專家則選擇相對悲觀的假設。

除了對情境分析報告的取用差異外，雙方的評價模型中採用的資訊種類和內容也不盡相同。最明顯的是雙方分別用了 1% 和 2% 的成長率來做終值計算。此外，股東方的專家用了 21% 的稅率，而戴爾

和銀湖方的專家採用了 18% 的稅率，但在最後一期將稅率提升至 36%。雙方對於戴爾公司的最適資本結構、beta 值的看法不同。有趣的是，連對市場風險溢酬的見解都不同。股東陣營的專家採用了較低的 5.5% 市場風險溢酬，而銀湖和戴爾陣營的專家則採用了高出將近 1 個百分點的 6.4%。最後一點，雙方的專家對於戴爾公司的事業實際需要的現金量和實際持有的淨現金量也有不同答案。

最後，法院裁定戴爾公司的公允價值並非成交當時同意的每股 14 美元，而是每股 18 美元。法院認定戴爾公司的售出價格低於應有價格 25%。訴訟最終以麥可・戴爾和銀湖向股東追加支付每股 4 美元的價格收場。

後續發展

這項判決招致許多爭議。支持股東立場的人認為判得好，但也有些人擔心這個判決會開啟一個先例。《紐約時報》（*New York Times*）便提出這個先例有可能「引起一連串的訴訟，下一次大型併購案成交後，各界也會不相信成交價格並持續質疑最終成交價。」[5]

有趣的是，本案法官在判決書中明確表示他認為麥可・戴爾和戴爾公司的所作所為都符合倫理道德；但儘管如此，成交價格仍有失公允。法官表示：「值得一提的是，這個案件與本庭遇過的其他情況不同，沒有證據顯示戴爾先生或是他的管理團隊刻意錯估價值。情況正好相反，他們努力說服市場戴爾公司的價值其實高於市值」，只是「前述證據以及其他在案證據顯示戴爾公司普通股的市場價值和公司的內在價值間存在顯著差距」。[6]

最後，從這個案件可以看出企業評價有哪些整體性的特點嗎？做完評價以後，估出來的價值應該怎麼運用？

戴爾下市案清楚體現了許多第三章提過的議題，包括誘因和資訊不對稱的重要性。首先，麥可・戴爾不管是作為賣家還是買家，誘因都不明確，這種利益衝突正是本案核心。第二，戴爾公司作為賣方也因為麥可・戴爾的關係而同時擔綱買方的角色。這種情況造就了沒有買家願意出比麥可・戴爾和銀湖更高

價格的局面，體現了「贏家的詛咒」的狀況。

　　這個案例也點出了評價的許多重要概念。第一點，執行情境分析（scenario analysis）和考量預期現金流很重要。第二，這個案例顯示評價背後的假設會影響你得出的現值。最後、可能也是最重要的一點，這個案例彰顯了評價是一門藝術而非科學。兩邊的專家都負有聲望，但各自以不同的假設為基礎，提出了迥然不同的評價結果。

小測驗

請注意有些問題的答案不只一個。

1. 你任職的工業集團正在觀望是否應該收購一家鋼鐵公司。結合多種情境進行評價後，你得出了三種結果。第一種是最糟情境，企業價值 500 億美元，發生機率 25%。第二種是基本情境，企業價值 1,000 億美元，發生機率為 50%，第三種是最佳情境，企業價值為 2,000 億美元，發生機率為 25%。你最高願意出價多少來收購這家公司？

   A. 500 億美元
   B. 1,000 億美元
   C. 1,125 億美元
   D. 2,000 億美元

2. 你工作的造紙廠想要收購一家木業公司，以求削減成本。依據現金流折現分析，你預估這間木材廠按目前的經營模式現值是 5 億美元。你推估買下這間公司後，可以創造成本削減和垂直整合的綜效，綜效現值 5,000 萬美元。這家木業公司是上市公司，所以你可以（從股價、股數和債務及

現金數字）看出市場對這間公司的評價是 4 億美元。如果你希望將綜效創造的價值全部保留在自家公司手中，出價最高應該不超過多少？

A. 5,000 萬美元

B. 4 億美元

C. 5 億美元

D. 5.5 億美元

3. 表 5-7 列出三家速食公司在 2016 年 8 月 1 日的本益比。三家公司分別為：麥當勞、溫蒂漢堡（The Wendy's Company）和百勝餐飲。下列何者可能是三家公司本益比不同的原因？

表 5-7　三家速食公司的本益比

公司	本益比
麥當勞	22.0
溫蒂漢堡	20.7
百勝餐飲	27.4

A. 市場認為百勝餐飲的成長機會比溫蒂漢堡或麥當勞更大

B. 麥當勞的折現率比溫蒂漢堡高

C. 溫蒂漢堡的折現率比百勝餐飲低

D. 麥當勞的盈餘比百勝餐飲或溫蒂漢堡高

4. 你任職的公司近期剛買下一家競爭對手。消息宣布以後，你們公司的股價應聲下跌 10%，導致市值蒸發 5,000 萬美元。標的公司的股價則跳漲 15%，市值增加 2,500 萬美元。下列何者是收購過程中發生的事情？

A. 收購創造了價值，並將價值從收購方手上轉移給標的公司

B. 收購創造了價值，並將價值從標的公司手上轉移給收購方

C. 收購破壞了價值，並將財富從收購方手上轉移給標的公司

D. 收購破壞了價值，並將財富從標的公司手中轉移給收購方

5. 下列何者並非評價乘數的例子？

A. 本益比

B. 企業價值對 EBITDA 比

C. 流動資產對流動負債比

D. 市值對 EBITDA 比

6. 2016 年 12 月 31 日，固特異輪胎（Goodyear Tire and Rubber Company）的企業價值對自由現金流乘數為 16.1。下列哪一個隱含的假設可能為真？

   A. 折現率 5%，成長率 4%
   B. 折現率 12%，成長率 0%
   C. 折現率 9%，成長率 3%
   D. 折現率 20%，成長率 5%

7. 你想要知道為某個進修學程付多少錢才合理，因此進行了評價分析。你預估這個學程會讓你每年多賺 1,000 美元，這多賺的 1,000 美元會和你原本的薪水一起以每年 3% 的幅度成長。參考其他風險程度相同的投資後，你算出折現率為 13%。為求簡便，先假設你會長生不死（通常這種情況和現金流維持二十到三十年的結果其實差不多）。你最多願意為這個學程付多少錢？

   A. 1,000 美元
   B. 3,000 美元
   C. 5,000 美元

D. 10,000 美元

8. 你現在在評估兩個投資案，只能擇一。第一個的內部報酬率（IRR）是 15%，另一個的內部報酬率為 25%。你的 WACC 是 12%。你應該投資哪一個呢？

   A. 內部報酬率 15% 的投資
   B. 內部報酬率 25% 的投資
   C. 兩個都不選，因為兩個投資案都在破壞價值
   D. 內部報酬率 25% 的投資案看起來可能更有吸引力，但你要先做現金流折現分析

9. 你是公司收購團隊的一員，正在評估一家糖果工廠。整體經濟成長率落在 2% 至 4% 之間，你的目標是要找到報酬勝過這個成長率的投資機會。你現在在審視助理做的初步評價結果。助理按產業平均成長率假設頭兩年的成長率是 6%，接著再用這個 6% 的成長率計算成長型永續年金的終值，而這個終值的現值占了估出來的企業總價值 80%。按照這些數字，助理得出企業價值是 1 億美元。此外，助理預估收購創造的綜效現值為 2,000 萬美元。公司目前債務 5,000 萬美元，手中

持有 1,000 萬美元現金。助理建議支付 1.2 億美元買下公司權益。他說 1.2 億美元是公司的估值和綜效現值的總和。下列何者是助理在評價時犯的錯誤？（選擇所有適切的答案。）

A. 用來計算終值的成長率太高了

B. 以產業成長率作為企業的成長率

C. 以企業價值而非權益價值作為收購價格

D. 為綜效付錢

10. 下列哪一個計畫案一定會為你的事業創造價值？

A. 淨現值為 1 億美元的計畫案

B. 回收期間為兩年的計畫案

C. 內部報酬率為 15% 的計畫案

D. 現值為 2 億美元的計畫案

章節總結

評價對於財務和管理而言非常重要。本章討論到像是乘數等評價方式其實都算抄捷徑。還有一些像是內部報酬率評價法，有用但可能出錯。所幸，還有一個黃金準則：現金流折現分析，讓我們可以透過未來現金流的現值來了解企業的價值。

預測數值的練習到最後其實還是把我們引導回這個章節最重要的概念：評價是一門由科學佐證的藝術。雖然有科學的成分在，但評價本質上是主觀且充滿價值判斷的一件事。我們必須要小心不犯下系統性錯誤，像是高估綜效或低估事業的資本密集度。關於評價的最後一課是，如果你真的想要了解一個事業，就對它進行評價。唯有透過思考一個事業的未來、現金流、資本密集度和風險等事項，你才能摸透這個事業。

現在我們已經討論過價值是由自由現金流和折現率計算出來的，那麼最後還剩一個待解的問題。公司手上握有這麼多自由現金流可以做什麼？要如何返還給資金提供者？還是應該拿來做新的投資？這些自由現金流要怎麼在事業上和資金提供者之間分配？這些問題就是下一章的主題。

第六章

資本配置

執行長與財務長如何做最重要的決策？

2013 年，蘋果股東因為不滿執行長提姆·庫克（Tim Cook）持續累積現金而發起抗爭行動，要求公司分配現金給股東。現金放在蘋果的資產負債表上還是放入股東口袋有什麼差別？從那次抗爭之後，蘋果陸續發放了共超過 2,800 億美元給股東，大部分是靠回購股票的方式執行。這種做法聰明嗎？

在蘋果股東抗爭之際，Alphabet（即 Google）調整了股權架構，透過提高主要股東的投票權，避免和蘋果面臨相同挑戰。爾後，Alphabet 賺入大把鈔票，但幾乎沒有分配給股東，而是選擇將錢再次投入到不同事業中。這種做法明智嗎？

透過前幾章，我們了解到公司創造多少自由現金流，是判斷它是否成功創造價值，以及如何創造價值的關鍵。但這就衍生出另一個問題：一旦公司開始創造自由現金流，管理層要如何處理那些現金？管理者是應該把現金用來投資新的計畫案、收購其他公司，還是分配給股東？近年，我們觀察到公司買回自家股票的案例顯著增加，這種做法也可以稱為股票回購。為什麼公司要這麼做？

每一位執行長與財務長都必須回答上述幾個核心問題，總體而言，這些問題決定了公司的資本配

置（capital allocation）流程。時下企業獲利與現金水位都達到歷史高點，如何分配資金成為日益重要的問題，股東對於錯誤的容忍度也越來越低。我們在第三章提到，資金提供者把資金交給管理者，在衡量管理者有沒有把工作做好的時候，主要看的就是對方有沒有達成相關義務。資金分配的問題，則是從另一個角度來詮釋這件事。

資本配置的決策樹

把資本配置的問題視為環環相扣的系列決策（如圖 6-1 所示），是最容易理解它的方式。管理者第一個要處理的問題就是找到淨現值（NPV）為正的計畫案來投資。創造價值是管理者重要的任務，而在第四章，我們提到要創造價值，報酬就必須超過資金成本，且要年復一年地達成此目標並使公司成長。

如果周遭有淨現值為正的計畫案，那麼你就該推行。有些計畫案會帶來有機成長（organic growth），像是推出新產品或購買新的不動產、廠房及設備，也有些是透過併購達到無機成長（inorganic growth）。

如果沒有創造價值的機會，或者說是不存在淨現值為正的計畫，管理者就應該用發放股利或回購股票的方式，將現金發放給股東。如果你選擇以股利形式發放，就要進一步決定是常態性發放，或是僅發放一次性的特殊股利。

圖 6-1 的決策樹看起來很簡單，但其實隱藏數不清的危險與謬論，經常在管理者決定要採取什麼行動的時候，成為絆腳石。在本章，我們要從頭到尾走一次那棵決策樹，並判斷過程中如何做取捨並避免犯錯。

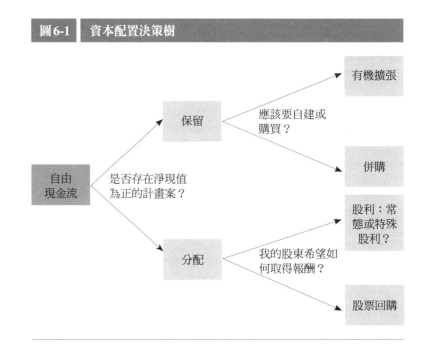

圖6-1　資本配置決策樹

保留現金

若你身為一個投資決策者，做投資決定時有幾個基本標準要依循。首先，你得算出各個投資計畫的淨現值，挑選出創造價值的最佳機會。那些計畫可能是有機或無機成長計畫，而且即便最簡單的規則就是選擇淨現值最高的計畫投資，實際上還要考慮幾個取捨要點。

舉例而言，我們在前一章提過，企業在進行併購的時候，需要考量的問題很多，使得現值評估變得繁複。

無機成長的危險性

併購比有機投資誘人的原因，通常是因為買下既有資產有非常明確的速度優勢，不需要花時間慢慢

藥業的資本配置 ————————————

右圖呈現大型生技與藥品公司安進（Amgen）的研發與現金分配（cash distribution）（包括股利與股票回購）占銷貨收入的比例。

關於安進與整體藥業如何進行資本配置，你可以從這張圖看出哪些端倪？你覺得為什麼資本配置的操作會出現轉變？在這段期間，安進的研發支出不是持平就是下降，過去從未做過的現金分配倒成為資本配置主要的一環。這意味著安進就是無法找到足夠的投資機會，讓它運用公司創造的現金流。如果安進資本配置的方法正確無誤，相較於管理者把錢拿去投資無法創造足夠報酬的產品或研究，現在股東的獲益更多。相反地，如果安進的資本配置策略不佳，表示它可能為了滿足沒耐性的股東而對研發的投資不足。

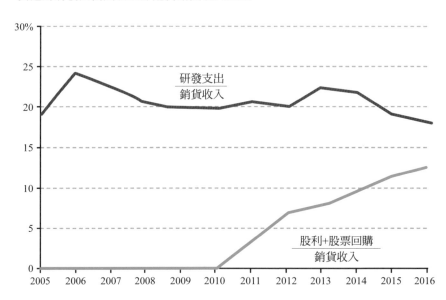

安進的研發支出與現金分配占銷貨收入比重

前渤健財務長克蘭西評論：

我對資本配置的定義是，公司要如何處理過剩的現金流。如果公司花很多錢、長時間投資研發，就要把研發納入資本配置的定義中。有些資本要進行策略配置，有些則會以現金形式返還給股東。策略配置就是投資廠房，以及投資短期內不影響損益的資本支出，那些資本支出的目的是改善公司的長期表現。對於一間創造大量現金流與進行研發的公司而言，收購絕對是其中的一大重點。年度研發支出很大一部分牽涉到資本配置決策。公司等於是把錢拿來使用，而不發放給股東。

打造資產。此外，選擇併購也隱含一種思維，就是購買資產時，不需要承擔資產無法落成的風險，因此比建立資產安全。雖然許多人認為併購可以迅速且安全地推動公司成長，但事實上公司卻得在併購交易完成前後，面對許多複雜的問題。

併購前

當你購入既有的資產，賣方比買方擁有的資訊多得多，買家只能夠基於既有資訊做出推斷（如第三章討論過的）。這就是為什麼在併購過程中，盡職調查（due diligence）如此重要。買方需要盡可能了解他們準備購入的標的，但是到頭來，他們還是不能忘記賣方擁有顯著的資訊優勢。

在準備販售資產的時候，賣家可能會做出哪些行為？他們可能會為了低報事業的資本密集度而刻意減少對資產的投資。也可能會加速認列營收，並延後認列成本。他們還可能會試圖掩蓋問題，像是明知道欠錢的顧客已經破產，卻依然表示那些應收帳款還收得回來。顧問和投資銀行這類的中間人可以幫助買家解決那些問題，買家自己也會有一群負責併購協議的團隊去翻出那些見不得光的操作。

不幸的是，不管是賣方、中間人，還是買方組織內負責洽談的人員，所有相關人等都希望可以完成交易。你一不小心就會被他們的熱情給牽著走，導致出價過高。因此，併購比有機投資來得安全的說法毫無根據，而且併購的失敗率也直接推翻了併購比較安全的說法。

惠普收購 Autonomy

2011年8月18日，電腦硬體製造商惠普（Hewlett-Packard）宣布買下搜尋暨數據分析公司 Autonomy。惠普為了這筆收購案付出 111 億美元，EBITDA 乘數高達 12.6 倍。各界普遍認為這個價格開得非常高，甲骨文公司（Oracle）對 Autonomy 進行評價後，判斷出價不應該超過 60 億美元。據傳就連惠普的財務長凱西‧雷絲潔科（Cathie Lesjak）也曾表態反對這項併購案。

市場對這項公告的反應絲毫不留情面。消息宣布當天，惠普的股價從 29.51 美元跌到 23.60 美元（相當於市值蒸發 50 億美元）。當外界問到惠普採用了哪一種現金折現（DCF）模型進行評價分析，以及相應的假設為何，時任惠普董事長雷‧蘭恩（Ray Lane）回答，他對於現金折現模型並不熟悉，重點應該放在惠普的策略願景。收購案公布不到一個月，惠普執行長就遭到撤換。

一年後，惠普調降 Autonomy 的價值，減少 88 億美元。（換言之，惠普削減了資產負債表上的商譽資產，並且認列一次性的損失。）惠普指稱，其中有 50 億美元是源自 Autonomy 管理層的「會計違規」（accounting irregularities）。惠普聲稱 Autonomy 高層為了誤導潛在買家而對財務指標灌水。到了 2012 年 8 月，惠普的市值已經較收購案宣布時少了 43%。

惠普在 Autonomy 的收購上犯了哪些錯誤？

惠普犯的錯誤包括但不限於以下：

- 盡職調查做得不好。
- 對會計操作的調查不足。
- 未能好好遵循傳統評價模型。
- 對有機成長機會與無機成長機會的評估不足。

併購後

在評估併購案的時候，綜效（synergies）的概念或許很吸引人，但要實現那些綜效並不容易。併購時，公司經常會高估綜效，並低估實現綜效所需的時間與一次性成本。更糟糕的是，併購方最終可能會有很長一段時間需要為許多部門維持兩組不同人力，導致成本遠高於預期。實現綜效所花的時間也可能會對併購創造的價值造成重大影響。

最後、也或許是最重要的一點，就是必須考慮兩個組織文化上的差異。看著試算表，一不小心就會忘記文化融合有多麼困難，但實際上，文化差異衍生出的問題可能是當務之急，並且會導致嚴重的財務後果。人類行為會影響試算表中的假設，因此忽略那些行為可能帶來致命後果，但我們卻經常忘記這件事情。上述種種問題都彰顯了為什麼在比較併購和有機成長時，所謂併購案的速度和安全優勢其實只是幻覺。

企業集團

積極的併購策略可能會催生掌控多元事業的企業集團或多部門公司，那些事業體旗下的各個事業之間沒什麼關係。舉例而言，1960 年代，美國國際電話電報公司（ITT）這間電信公司就曾試圖買下 ABC 電視台，最後被聯邦層級的反壟斷監理單位擋下。但美國國際電話電報公司試著規避反壟斷法令並繼續擴張，轉而購買與本業無關的公司，像是喜來登飯店（Sheraton Hotels）、安維斯租車（Avis Rent a Car）與出產神奇麵包（Wonder Bread）的烘焙坊。美國國際電話電報公司最後總計買下超過三百家公司。在世界許多地方，企業集團依然很盛行，讓我們藉企業集團再次回顧幾個重要的財務觀念。

企業集團背後有兩個財務論據。第一，是資金成本理論。管理者的思維是：「透過多角化收購，我可以把我的資金成本套用到那個標的。舉例而言，我們的折現率，或者說資金成本是 10%，現在想買的公司資金成本接近 15%。那麼，如果我買下那間公司、納入旗下，將它重新評價後價值會提升，因為我的資金成本只有 10%，這招超有效又可以創造價值。」這

種論述並不正確，因為正確的資金成本是按照事業設定的，你沒辦法把自己的資金成本輸出到其他公司。

第二個多角化的財務論據是風險管理。如果擁有分屬不同產業的各類型公司，股東應該會因多角化而獲益。這個想法把收購想成是股票投資組合：當一間公司崩壞，投資組合中的其他公司可以補救。然而，這一套說法是錯誤的，而且它忽略了一個事實，就是管理者進行多角化的同時，股東其實自己就可以做到風險管理了。而財務上的邏輯是你不應該為股東做他們自己就能做的事情。企業層級的多角化投資問題就在這裡。

事實上，企業集團看來會破壞價值而非創造價

美國線上與時代華納合併案

2000 年年末，美國線上（AOL）與時代華納（Time Warner）宣布進行網路時代最大的合併案之一，這樁併購案的價值高達 3,500 億美元。合併前，各界相當看好這個組合。當時，美國線上是撥接網路龍頭，而時代華納則空有內容，卻不懂網路。這起合併案的綜效看起來既清楚又容易達成。該案被描繪成「平等的合併」（merger of equals），但在合併之際，其實是由美國線上主導。

合併後沒多久，問題就浮現了。美國線上的文化非常激進又以銷售掛帥，時代華納卻是一間較為傳統的企業。時代華納也發現美國線上的會計操作存在違規情事，實際表現不如它們宣稱的好。雙方衝突加劇後，時代華納開始拖延美國線上的各項計畫，並另覓合作夥伴幫他們在網路上傳播自家內容。2001 年初期，網路業榮景不再，權力從美國線上的手中轉移到時代華納。

合併案就此崩盤，現在這兩間公司的價值總和遠不及併購之前的數值。2009 年 3 月，時代華納出售時代華納有線公司（Time Warner Cable）。2009 年 12 月，美國線上和時代華納全面分家。威訊（Verizon）在 2015 年買下美國線上，AT&T 則在 2016 年 10 月 22 日達成協議，買下時代華納。美國線上執行長史蒂芬·凱斯（Steve Case）做出結論：「『沒有執行力的願景是假象』這句話基本上總結了美國線上與時代華納的案子。」[1]

捷豹荒原路華收購案

2008年3月底，印度車廠塔塔汽車（Tata Motors）向福特汽車收購捷豹荒原路華（Jaguar Land Rover, JLR），收購價23億美元。（福特過去為了這兩個品牌總共付出54億美元。1989年以25億美元買下捷豹，2000年再以29億美元買下荒原路華。）市場對這樁收購案並不滿意，塔塔汽車的股價因此在2008年重挫。（宣布前一天市值69.3億美元，年底市值剩下17.2億美元。期間慘跌75%，同期大盤只下滑33%。）

合併後，塔塔汽車選擇不整合捷豹荒原路華，而是讓捷豹荒原路華以獨立企業的模式營運。塔塔負責設定目標，並在新興市場中提供協助，但不會直接控制捷豹荒原路華的營運，藉此規避可能十分艱難的文化融合過程。從數據來看，這種策略獲得了回報。

有些分析師預估，現在的塔塔汽車總估值中，有九成來自捷豹荒原路華。現在回頭看，塔塔汽車不整合捷豹荒原路華的決策效果非常好。不過，還是不能忽略讓新收購的公司基本上維持獨立運作的風險，像是管理費用重複支出、在產品與勞動力市場上相互競爭並造成外界混淆。

塔塔汽車股價表現，2004 至 2018 年

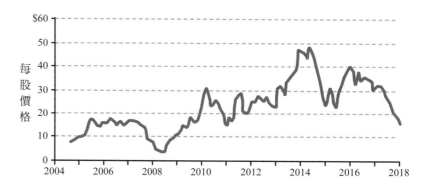

值。企業集團的交易價格往往會被打折，也就是說所有事業加總的價值並不及各事業分拆、獨立分售的價值。為什麼？部分原因是企業集團內部進行資本分配的時候，會因為有必須公平對待各部門的壓力而扭曲配置方法。在這個過程中，為求資金公平分配，沒有分配給最好的機會，因此弱小的部門成長了，前景看好的部門卻嗷嗷待哺。結果就是這些部門各自獨立時的價值，比綁在一起還高。

但發展為企業集團也並非一定是個問題。在一些新興市場中，企業集團其實能發揮很強的力量，因為它們可以把很多事情放到自己手裡來做，藉此克服資本市場與勞動力市場的不完美。但企業集團不是萬靈丹，管理者仍須時時警惕，避免資本「社會化」（socializing）。

將現金分配給股東

假如一間公司沒有任何值得投資的計畫，就應該把錢分配給股東。公司決定分配現金的話，該怎麼做？有兩個主要的選擇：發放股利或是股票回購。比較直覺的分配方法是發放股利，公司只要按比例發放現金給股東就好。股利可以是可預期的現金流的一部分，或者是更大規模的一次性發放，也就是發放所謂的特殊股利（special dividends）。

第二個發放現金的方法是股票回購，這就比較不直觀了。一間公司在公開市場上買回自己的股票再註銷，這樣做一方面會把現金發放出去，一方面會把選擇不賣股票的股東持股比例略為放大。過去十年來，股票回購變得非常熱門（請見圖 6-2）。

那麼到底哪一種分配現金的方法比較好？是發放股利還是買回股票？這個問題沒有標準答案，但是我們可以先破除一些錯誤觀念，幫助你培養正確的直覺，並在這個基礎上做決定。舉例而言，有些人認為公司買回股票後，股價會上升是因為剩餘股東持股比例增加了。也有人說發放股利對股東而言不是件好事，因為他們的股票價值會因此減少。為了破除這些迷思，並澄清決策本質，我們首先要說明公司到底要不要分配現金不應該產生任何影響。

如果單純討論機制，那麼要發放股利還是買回股票根本沒差，但這兩個做法釋放給市場的訊息有所不同，這就會有影響了。首先，讓我們先證明用哪

圖6-2　美國企業發放股利相較於股票回購情況，2005 至 2016 年

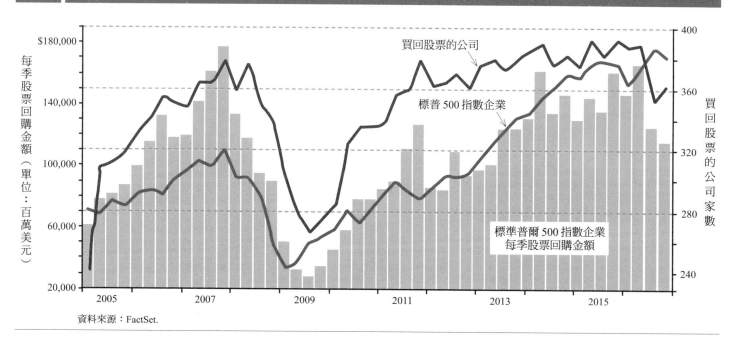

資料來源：FactSet.

種方式發放現金結果都一樣、都不應該產生影響。現在來看一下圖 6-3，以市場價值為基礎繪製的資產負債表。

圖中的公司現金很多，並且在考慮要透過股利還是股票回購來分配現金。由於這張資產負債表是以市價為基礎繪製的，權益價值可以輕易轉換成股價。

營運資產的價值也是用市價呈現。如果公司把現金中的 70 美元以股利形式分配給股東，這張市值資產負債表會發生什麼變化？流通在外股數是 100 股，因此每股股利是 0.70 美元（請見圖 6-4）。

公司持有的現金從 100 美元降到 30 美元，減少70 美元，但是營運資產的價值仍維持不變。因為債

圖 6-3　準備分配現金

資產		負債與股東權益	
現金	$100	負債	$60
營運資產	$100	權益	$140

◄ 100股，每股1.40美元

務價值沒變，資產負債表要繼續保持借貸平衡，權益價值得跟著減少70美元。每股價格會從1.40美元降到0.70美元，身為股東，你或許會覺得自己的價值受損，但如果把你收到的0.70美元現金納入考量，那麼你手上就持有1.40美元。從經濟的角度來看，股東的情況完全沒變，是個全然價值中立的結果。股東只要拿那0.70美元現金去買回一股股票，就可以回到原點，就和之前一樣，手上會握有價值1.40美元的股票。

圖 6-4　發放股利後，市值資產負債表

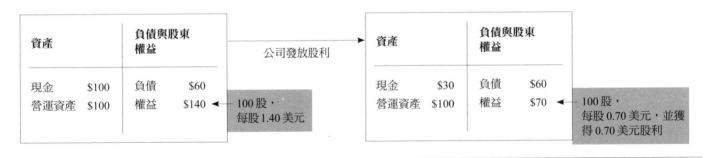

資產		負債與股東權益	
現金	$100	負債	$60
營運資產	$100	權益	$140

◄ 100股，每股1.40美元

公司發放股利 →

資產		負債與股東權益	
現金	$30	負債	$60
營運資產	$100	權益	$70

◄ 100股，每股0.70美元，並獲得0.70美元股利

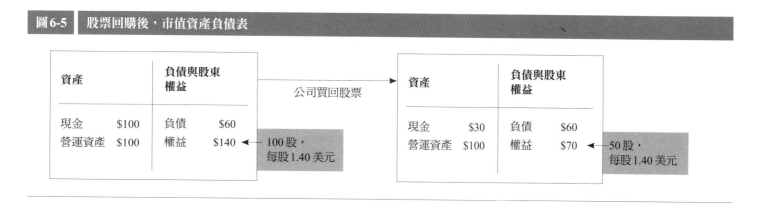

圖6-5　股票回購後，市值資產負債表

資產		負債與股東權益	
現金	$100	負債	$60
營運資產	$100	權益	$140

100 股，每股 1.40 美元

公司買回股票

資產		負債與股東權益	
現金	$30	負債	$60
營運資產	$100	權益	$70

50 股，每股 1.40 美元

　　現在我們來設想公司透過買回價值 70 美元的股票發放 70 美元現金的狀況（請見圖 6-5）。

　　和之前一樣，現金剩下 30 美元，營運資產與債務金額則維持不變。權益價值跌到 70 美元，那 70 美元用來以 1.40 美元買回股票，總共註銷 50 股。新的股價是多少？總權益價值是 70 美元，現在有 50 股流通在外股數，因此價格是每股 1.40 美元。現在股東會有什麼感覺？把股票賣給公司的股東現在手上會有 1.40 美元現金，那些選擇繼續持有股票的人，股票價值則是 1.40 美元。什麼都沒變，價值中立（請見圖 6-6）。

　　這個練習蘊含一個重要的核心觀念，就是將現金從一個口袋放到另一個口袋並不能創造價值。價值來自於推動淨現值為正的計畫。既然保留或分配現金的決定根本不影響價值，為什麼要管這麼多？為什麼大家還是如此在意公司選擇持有現金還是分配現金？又為什麼要為了公司有沒有發放股利而憂心忡忡？為什麼越來越多公司選擇買回股票？

分配現金的決定

　　保留或分配現金完全不影響價值的情況只發生在理想情境中，也就是所謂的莫迪格利安尼－米勒情境（Modigliani and Miller conditions）。在那個情

圖6-6 現金分配：股利 vs. 股票回購

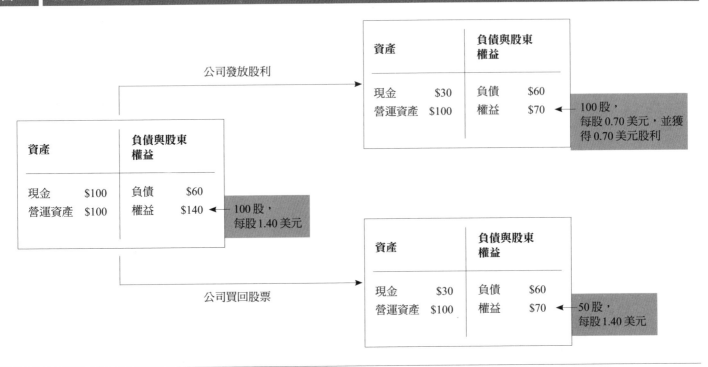

境底下，不用繳稅，資訊完全流通，也不存在交易成本，因此不管採用股利發放或股票回購的機制，價值都不會變動。

但現實世界的考量卻會對分配現金的決策造成影響。第一，稅務可能使得分配現金的決定影響公司價值。舉個例子，在進行股票回購的時候，投資人必須賣出股票來換取資本利得，而資本利得的稅率可能低於股利被課的稅率。許多人就是因為稅務上的影響而偏好股票回購勝於股利。

現實世界具有幾個關鍵特色，就是第三章提過的資訊不對稱與誘因問題。當蘋果公司決定進行股票回購，你會如何解讀它的決策？如果公司選擇發放股利，你又會有什麼反應？

回想一下資訊不對稱的問題。當公司採取某項作為，外界會認定該作為反映某些訊息，並依此評斷公司決策。如果完全掌握公司資訊的一方選擇買回股票，那麼他們必定相信現在公司的價值被低估了，並且願意實際砸錢去支持這樣的想法。回購的決定會釋放出強烈信號，也就解釋了為什麼這些年來股票回購越來越熱門，並且往往可以激勵股價。股價對股票回購的反應並非源自於股份稀釋機制，而是外界如何詮釋這項行為釋放出的信號。

股利呢？即使股利發放實際上和股票回購的結果相當，但股利發放有時候會招致相反的反應。對公司前景瞭若指掌的人表示，他們找不到好的投資機會，也不認為公司的價值被低估。事實上，他們想不到更好的方式來運用你的錢，所以決定把錢還給你。這絕對不是什麼好的信號。

不過也可以正面解讀增加股利的行為。由於股利的黏著度很高（公司一旦開始發放股利，就很難停止），增加股利可能意味著公司相信獲利會持續增加。此外，如果公司要持續發放同金額的股利，某種程度就限制了管理者的作為。有些投資人認為這樣可以弱化第三章提到的代理人問題。

事實上，代理人問題就是另一個現金分配決策可能影響價值的原因。管理者可以用公司的錢來達成自己的目標，那項目標卻未必符合股東利益。舉例而言，當公司累積的現金越來越多，執行長可能會想要收購其他公司，加強自己在執行長人力市場上的地位，但這麼做實際上會破壞公司價值。因此，把現金從公司拿出來可能會影響價值，但不是因為分配機制的關係，而是因為此舉減輕了代理人問題。

代理人問題也提供了另一個詮釋股票回購行為的角度。如果現金發放的影響就只在於決策釋放出什麼樣的信號，我們會預期管理者算準股票回購的時間，並且在股價低點買回股票。但如圖 6-2 呈現的，上一次市場高點也是股票回購的高點，可見整體而言前述狀況並沒有發生。顯然有些公司股票回購做得好，有些做得差。

從代理人問題的角度來看就可以解釋這種現象。股票買回也可以用來幫助公司達到各種營運標準。假設管理者某一季的每股盈餘（earnings per share, EPS）差 1 美分才達標，而且他很清楚這項錯誤會受到市場的懲罰，可能導致他獎金飛了，這時候他要如何「創造」1 美分的 EPS？買回股票可以減少流通在外股數，並提高 EPS，但這種短期的高 EPS 幻覺通常對股東不利。

簡言之，現金發放的機制往往會使人提出錯誤論點，認為是稀釋作用或股數差異引發價值變動，但實際上，股票回購或發放股利這兩項機制本身價值中立，之所以相關決策會如此受注目是因為它們提供了資訊，並關乎第三章討論到的代理人問題。

真實世界觀點

海尼根財務長德布羅克斯評論：

有些人相信如果你發放股利或買回股票就代表你沒有什麼好的計畫可以投資，但其實這種做法是權衡的結果。你可以在推動公司成長的同時分配優渥的股利。十年前，有些機構型投資人對股利沒興趣，它們不知道怎麼運用那些股利，要收股利也很麻煩，有些投資人甚至會在分配股利前出售股票，等分配完再買回股票，這樣就不用處理股利。

財務決策的迷思與事實

價值中立的概念可以幫助我們了解各種不同的金融交易：發行股票、股票分割（stock split）、槓桿資本重組（leveraged recapitalizations）、創投融資（venture financing），與這些交易引發的錯覺與錯誤。我們暫時跳離資本分配，來看一下金融交易，幫助你強化許多之前介紹過的觀念。

發行股票

很多人覺得發行股票會稀釋股權,進而影響價值,弄得很麻煩。尤其是各界普遍認為發行股票會因為投資人持份減少,導致股價下跌。

我們回頭看看之前提到的那間範例公司,了解發行股票的運作模式。和之前一樣,我們要看的是市值資產負債表(請見圖6-7)。

如果公司決定要多發行價值70美元的股票,那麼市值資產負債表與股價會出現什麼變化(請見圖6-8)?

公司發行70美元的權益之後,現金會增加70美元,總金額變成170美元。營運資產與債務金額不變,因此權益的市場價值變成210美元。這些股份值多少錢?要把這件事情想清楚,我們得先知道發行股票之後,有多少流通在外股數。現在股價是1.40美元,因此要多籌資70美元需要再發行50股(70美元除以1.40美元)。如此一來,就有150股流通在外股數要來分210美元的權益價值,因此股票售價必須是每股1.40美元(210美元除以150股),就和之前一模一樣。

圖6-7 交易前市值資產負債表

資產		負債與股東權益	
現金	$100	負債	$60
營運資產	$100	權益	$140

← 100股,每股1.40美元

發行股票並沒有拉低公司股價,而是完全不變。這大體上體現了一項事實,就是價值源自於資產負債表的資產端,而非籌資端。稀釋問題呢?股東或許持股比例減少了,但整塊餅變大了。

但即便是如此,公司發行股票的時候,股價通常還是會下跌。你覺得是為什麼?我們在第三章闡述了資本市場中,資訊問題的本質。當公司發行股票,它就是股票的賣方,無可避免地使人質疑為什麼要選擇靠賣股票籌資,而不是舉債或運用內生的獲利。一言以蔽之,發行股票會釋放出負面信號。

圖6-8　籌資後市值資產負債表

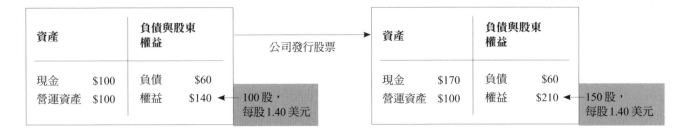

股票分割

　　股票分割也會引起類似的誤解。當公司決定將每股股票一分為二，每一位股東目前持有的1股股票會變成2股。股票分割也可以說是股票股利（stock dividend），每一個持有1股股票的股東，都可以獲得1股股票股利。這時候，公司的市值資產負債表會出現什麼變化？股價又會如何變動（請見圖6-9）？

　　由於營運或籌資的來源不變，市值資產負債表沒有任何改變。每股價值多少？權益價值依然是140美元，但要分給200股，因此每股價值是0.70美元（140美元除以200股）。投資人並沒有承受價值損失，每一位投資人過去都有1股價值1.40美元的股

票，現在有2股各值0.70美元的股票，加起來還是1.40美元。股票分割並沒有創造或減損任何價值。

　　有些公司選擇分割股票來讓股價對小型投資人而言更有吸引力，但華倫・巴菲特（Warren Buffett）始終拒絕分割自家股票。他的公司波克夏海瑟威（Berkshire Hathaway，後稱波克夏）的A股目前每股市值超過215,000美元。他的理由是股票分割沒有意義，只是用看似較低廉的價格，引起投資人短期的興趣。1983年，巴菲特曾問道：「拿我們現在有的、頭腦清楚的成員去交換偏好帳面數字而非實際價值、易受影響、拿十張10美元鈔票就覺得自己比拿一張100美元鈔票有錢的人，真的會讓我們的股東

群體變得更好嗎？」[2]（1996 年，巴菲特倒是引進了 B 股，股價只有 A 股的三十分之一，藉此讓更多投資人可以買到波克夏的股票。在那之後，B 股曾經進行股票分割。）

在某些情況下，這類行為可以化解困難。2011年，花旗集團進行反向股票分割：投資人每 10 股股票換成 1 股。原因是當時花旗集團的股價跌到剩下 4 美元，但許多機構型投資人的規章迫使他們不能購買價格低於 5 美元的股票。透過反向股票分割，花旗銀行把股價提高到 40 美元，因此可以觸及重要的投資人群體。股票分割沒有辦法直接創造價值，但就像發行股票一樣，因為市場的不完美，還是有可能引發價值變動。

槓桿資本重組

槓桿資本重組聽起來是個複雜又嚇人的交易，但實際上只是結合了我們已知的交易模式。槓桿資本重組就是透過舉債，發放超高額股利。想像一下有間私募股權基金旗下擁有一間公司，這個基金想進行槓桿資本重組，它會在自有的 40 美元現金之外，多借 60 美元，發放 100 美元的特殊現金股利給股東。它的市值資產負債表會出現什麼變化？股價是多少（請見圖 6-10）？

圖6-9　股票分割後，市值資產負債表

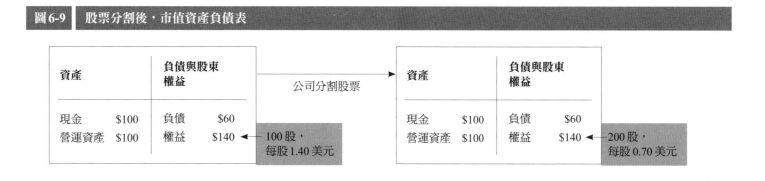

資產		負債與股東權益	
現金	$100	負債	$60
營運資產	$100	權益	$140

100 股，每股 1.40 美元

公司分割股票 →

資產		負債與股東權益	
現金	$100	負債	$60
營運資產	$100	權益	$140

200 股，每股 0.70 美元

圖6-10　資本重組後，市值資產負債表

資產		負債與股東權益	
現金	$100	負債	$60
營運資產	$100	權益	$140

100股，每股1.40美元

公司進行槓桿資本重組

資產		負債與股東權益	
現金	$60	負債	$120
營運資產	$100	權益	$40

100股，每股0.40美元，加上1美元現金股利

　　首先，債務會增加60美元，現金也會增加60美元，達到160美元。接著，現金被用來發放股利，因此減少了100美元。把營運資產的市值加上剩餘現金，再減掉債務之後，就可以算出權益價值是40美元。這對股東的意義是什麼？100股現在價值是每股0.40美元（40美元除以100股），但股東同時獲得100美元的股利，每一股股東各分配到1美元（100美元除以100股），加起來還是每股1.40美元，就跟私募基金過去的股份價值相同。

　　這項交易機制未必會影響價值，但可能因為其他因素而引發價值變動。這裡講的變動因素就是權益風險變得比以前大得多，因此股東應該要求較高的預期報酬（如第四章提過的），導致公司價值降低。

創投融資

　　公司成長的過程中會需要挹注資金，這時候創辦人就會尋找投資人，也是大家常說的「天使投資人」（angel investors）籌資。這個過程通常需要反覆很多次，不同輪的募資稱為A輪募資、B輪募資，以此類推。募資過程可能會有專業創投基金參與其中。

　　現在讓我們假想一間剛剛成立的公司，在第一輪外部募資之前，公司的資產負債表內容有一點曖昧不明，權益屬於創辦人，而創辦人的構想就是公司資

產。這群創辦人分給自己100股，但公司還是一間完全私有的公司。

公司需要再籌措100美元投資一個淨現值為正的計畫，因此去向創投尋求資金。創投家說：「我會依要求給你100美元，但是你要給我20%的公司股權作為交換。」這項交換條件反映了那位創投人士對公司所做的評價。

如果公司20%的股權價值100美元，那麼公司100%的股權必然值500美元。而且為了讓資產負債表達到借貸平衡，資產總價值也必須是500美元。公司籌資之後就會立刻獲得100美元的現金，這代表剩餘資產（創辦人至今打造的資產）價值400美元。權益側的500美元則會分給創辦人（80%）和創投家（20%），此時創辦人的權益價值400美元（500美元乘以80%），創投家的權益價值則是100美元（500美元乘以20%）。最後，公司還要發行25股給創投家，以代表他們的權益持份，使總股數達到125股。（目前創業家擁有100股，也就是125股的80%。同理，25股是125股的20%。）每股價值4美元（權益500美元除以125股），這一輪的募資背後，實際上是估出了公司募資前的價值。這個價值有時候會被稱為「交易前評價」（pre-money value），估算依據是公司募資後的價值〔即「交易後評價」（post-money value）〕（請見圖6-11）。

現在讓我們試想一下，公司幾年後又進行第二輪募資（B輪）。公司手上的現金花完了（現金餘額為0美元），並希望獲得1,000美元的資金。B輪投資人要求取得公司50%的股份，作為投資1,000美元的條件。這一輪募資過後，公司的資產負債表會長什麼樣子？創業家手中的權益現在值多少錢？

B輪投資人提出用1,000美元換取50%的股份，投資後，公司會有1,000美元的現金加上既有事業。如果1,000美元代表50%的公司價值，那麼總權益

圖6-11　A輪募資後，市價資產負債表

資產		負債與股東權益	
現金	$100	權益（創辦人）	$400
企業價值	$400	權益（投資人）	$100

125股，
每股4美元

價值就是 2,000 美元，這意味著公司現在的價值是 1,000 美元（總資產價值 2,000 美元，其中 1,000 美元是現金）。

創業家手上有 100 股，A 輪投資人則有 25 股，這 125 股的價值是 1,000 美元，或者說每股 8 美元（1,000 美元除以 125 股）。也就是說創業家的股份現在價值 800 美元（8 美元乘以 100 股），A 輪投資人的股份價值現在則是 200 美元（8 美元乘以 25 股）。公司得發行 125 股給 B 輪投資人，代表他們對公司 50% 的持份，這 50% 的股份價值是 1,000 美元（請見圖 6-12）。

創業家的股權是不是被稀釋了？他們從 100% 擁有公司、握有價值未知的股票，到擁有公司八成的股份（第一輪募資後）並持有每股價值 4 美元的股票（總價 400 美元），再到只擁有四成的股份（第二輪募資後），並持有每股價值 8 美元的股票（總價 800 美元）。每經過一輪募資，創業者的股份就被稀釋一次，但他們手中的股票越來越值錢，因為整塊餅變大了。

發行股票的流程讓新創公司倍感壓力，因為每一次籌資實際上都是在告訴創辦人他們的身價。不過，權益籌資並不會影響價值，就像第四章提到的，現金分配本身不會改變價值。但像槓桿化資本重組這種會改變股份風險性的分配行為就會因為改變風險程度、預期報酬、價格，進而影響公司價值（如第四章中所見）。

圖 6-12　B 輪募資後，市價資產負債表

資產		負債與股東權益	
現金	$1,000	權益（創辦人）	$800
企業價值	$1,000	權益（A 輪投資人）	$200 ← 250 股，每股 8 美元
		權益（B 輪投資人）	$1,000

資產負債表上的現金

如果企業既不分配現金又不拿來投資呢？如果只是單純囤積現金會如何？過去十年來，這種現象越來越常見，引起許多人不滿。為什麼要持有現金？企業可能因為以下幾個原因選擇囤積現金。第一、也

是最重要的一點，美國企業的現金如果停泊在海外，拿回美國來分配的話，會面臨極高稅負（2017 年年底，美國國會減輕了這項稅則）。第二點，如同我們在第一章提過的，現金餘額在動盪的時代具有保險功能。最後，這些公司可能純粹在等待適切的投資機會。

六個資本配置的主要錯誤

由於資本配置如此重要，我們要特別點出有哪些地方可能出錯。在配置資本的過程中，有以下六個可能發生的重大錯誤。

- **延後做決定。** 遲遲不決定要如何進行資本配置的結果，就是公司資產負債表上的現金會持續增加。股東看到這種情況通常會感到不滿，質疑管理者為什麼沒有辦法配置資金。更有甚者，資產負債表上的現金太多，就會引起激進派投資人的注意，因為這一類投資人可以利用帳上的現金作為資金來源，將公司下市。

- **試著透過股票回購來創造價值。** 管理者有時候會合理化自己買回股票的作為，說是透過便宜買回股票為股東創造價值。但股票回購其實沒有辦法創造價值，頂多是依據回購價格，把價值在股東之間移轉而已。管理者創造價值的唯一方法，只有投資淨現值為正的計畫。

- **偏好收購勝過有機投資，因為收購比較快又安全。** 收購看起來比較快又比較安全，但實際結果可能完全相反。因為買賣雙方之間存在資訊落差的問題，購買其他公司可能會面臨極高的風險，收購後的融合問題也可能抵銷起初預期的效益。

- **偏好股票回購勝過發放股利，因為回購可以自主決定，股利不行。** 實際上，股東可能也會習慣公司固定買回股票，就像他們習慣收取股利一樣。此外，股東很重視公司會不會發股利，因為股利可以讓股東獲利。再者，想要分配現金，又不想讓股東認為未來能持續收取股利，可以採取特殊股利這個簡單的操作手法。

- **偏好再投資現金以打造更大的事業體。** 管理者的目標可能很快就從創造價值變成擴大規模，因為經營一間大公司有趣得多，而一心想打造帝國的管理者可能無法扮演好資金守護者的角色。

- **為了滿足短期股東而分配太多現金。** 忽略淨現值為

好市多分配現金的選擇

2000 年起，好市多（會員制量販店）採取了各種不同的現金分配方法（普通股利、特殊股利、股票回購），右圖呈現好市多採取不同方法時，股價的表現。

你會發現好市多逐漸增加普通股利，同時嘗試用其他方式分配現金。例如：在 2005 至 2008 年間，大量回購股票，並在 2013 和 2015 年，發放兩次大筆一次性的特殊股利。

你認為好市多選擇進行股票回購與發放股利的時間點選得如何？

好市多股票回購的決策目前看來很明智，成功推升股價。現在它同步採取發放普通股利與特殊股利的方法。

好市多現金分配，2000 至 2015 年

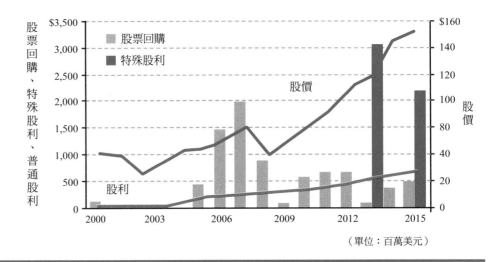

（單位：百萬美元）

正的計畫這件事情，就像追求規模勝過創造價值一樣是個嚴重的問題。為了達成短期盈餘目標，又遭受來自只在乎短期盈餘指標的股東的壓力，可能致使管理者錯失好的投資機會。

IBM 股票回購與每股盈餘

IBM 近年選擇執行股票回購。自 2005 年起，IBM 已經透過買回股票分配了超過 1,250 億美元，並發放超過 320 億美元的股利。同時，研發經費是 820 億美元，資本支出 180 億美元。

2007 年，IBM 宣布新計畫，要在 2010 年之前將每股盈餘（EPS）提高到 10 美元。實際做法要多管齊下：提高利潤、進行企業收購、推動公司成長與執行股票回購。2010 年，IBM 將 EPS 目標提高，計畫在 2015 年以前達到 20 美元的 EPS，並且至少有三分之一的增幅要來自股票回購（請見右圖）。

看到這張圖以後，你認為 IBM 這段期間運用股票回購的手法有哪些好處與壞處？

依據股票回購後的股價表現以及雲端運算的發展，不得不懷疑IBM是否錯失了投資機會，以及股票回購的時機是不是不甚理想。

IBM vs. 標準普爾 500 指數，2010 至 2018 年

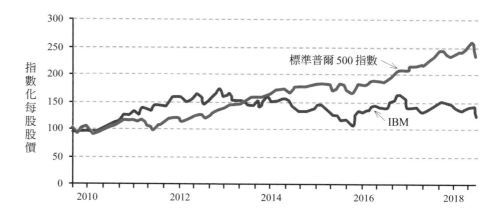

渤健收購康進藥廠：整合風險

2015年1月，渤健宣布收購康進藥廠（Convergence Pharmaceuticals）。康進藥廠是一間總部位於英國劍橋（Cambridge）的小型生技公司，主業是開發神經病變痛的藥物。康進原屬藥業龍頭葛蘭素史克（GlaxoSmithKline），但後來葛蘭素史克不再將疼痛管理療程列為發展重點，因此決定將康進拆分出去，並提供一些種子資金讓康進持續進行研究。同一時間，渤健開始將重心轉向神經痛的療程與藥品，為此在找尋收購機會。

渤健的科學家在一場會議上得知康進的狀況以及他們三叉神經痛的療法。三叉神經痛是一種會令人衰弱的面部疼痛，而康進在會議上提出了第二期（Phase II）數據，代表康進這款新藥已經快要達到概念驗證（proof of concept）的階段了。

面對這種小型收購案，渤健的做法是先從科學上檢視收購標的，衡量新藥順利上市的機率，並研究該產品有沒有受到專利保護。做完這些研究之後，財務人員才會加入討論，和銷售與行銷部門的同仁開始建構初步淨現值模型，並在過程中將研發成本納入考量。接著，他們會檢視模型計算出的各種結果，以判斷這起收購案值不值得投資。

你要如何把新藥的技術風險納入收購案評價的考量？收購後可能帶來的綜效會如何影響你的起標價與最終標價？

在計算評價的時候，你應該要考量各種不同的情境，藉此建立科技風險的模型。依據各個情境（也就是從這項科技完全沒價值到順利大發利市之間的所有可能情境）發生的可能性，你可以得出那些情境的加權平均結果，藉此算出你對這起收購案的預期價值。

你也要想想該標的企業本身的價值與收購後你將提供給它的價值。出價的時候，預期價值（包括收購後增添的價值）應該等於你最終的出價，不過起標價格可能會依據你對該企業本身的評價來決定。

渤健的財務長克蘭西把康進稱為「單分子產品」（one molecule product），也就是說它只為單一疾病研發一種療法。由於該產品的使用範圍很窄，因

此風險很高。渤健希望可以稍微消弭這部分的風險。康進是一間小公司，需要更多資金，因此渤健一開始就提供現金來支付康進的創始成本，交換未來分紅。如此一來，渤健和康進就可以共同承擔風險。

利用期待價值權（contingent value right, CVR）工具，賣家獲得的回報會按未來事件決定，像是藥品的表現或收購後的表現。期待價值權如何重新分配渤健─康進合併案的風險？為什麼克蘭西選擇使用這種工具？

相較於直接買斷，使用期待價值權讓渤健得以將部分風險轉嫁給賣方。這樣的風險轉移很合理，因為：第一，面對期待價值權的要求，只有對自己有信心的賣家會接受，所以可以藉此篩選掉前景較差的公司。第二，渤健可以確保在新科技失敗的情況下，支付金額不會太高。第三，期待價值權讓賣家有誘因更努力確保新藥會成功。在這個情況下，期待價值權解決了深層的資訊不對稱的問題，也就是康進非常清楚它販售的分子產品價值有多高，但那是渤健絕對不可能完全掌握的資訊。

收購完成後，渤健開始進行整合。問題是：康進應該繼續留在英國，還是要遷移到美國？渤健一開始打算把康進留在原地。假如最後新藥順利上市，再來盤算。渤健的想法是，讓康進團隊留在英國，可以保持團隊的創業精神。

如果渤健決定完全整合康進，會遇到哪些挑戰？

挑戰可多了：

- 開發療法的科學家可能不願意搬到波士頓，導致公司失去繼續研發所需的知識。
- 如果康進團隊不再能夠完全獨立運作，文化衝突可能會阻礙整合。
- 康進的團隊成員有動力要以一個團隊的身分共同取得成功，如果完全併入渤健，恐怕會失去這樣的團隊默契。

最後，渤健決定要先讓康進獨立運作兩年，再把藥的研發與生產轉移到其他旗下設施，那時候再一併關閉康進原本的設施。

海尼根進軍衣索比亞：
拓展至他國的風險

海尼根和渤健一樣是大公司，經常透過收購來拓展事業版圖。在進軍新國家的時候，尤其會採用這種做法。2012 年，海尼根在衣索比亞買下兩間公司，那是它跨足非洲計畫的一環。海尼根認為，衣索比亞經濟發展快速，年輕人口高速成長，但啤酒喝得相對少，因此值得投資。

除了收購公司時必然會面對的考量以外，收購外國公司時，還會有哪些財務上的考量？

有幾個可能風險，包括：
- 對外幣曝險的風險。由於營收是以另一國的貨幣計價，該貨幣幣值的波動會在現金流改以本國貨幣計價的時候，對總體現金流流量產生影響。
- 與貿易協定或稅務相關的風險。
- 營收預期可能會因為文化不同，而較一般預估的低。
- 當地政治風險：未來政權可能會收回國有釀酒廠。

當一間公司要拓展至新國度，最大的問題可能是物流。像海尼根這種大公司聘有懂得物流與協商的專家，他們會提出最佳的成本預測數字。儘管如此，物流成本還是可能嚴重衝擊財務預測。舉例而言，把貨物從船上卸下來的時候，會有卸貨成本；如果你沒能準時把貨品裝上卡車，每延遲一天，供應商就會向你收一筆費用。這些額外成本都可能扭曲預測值。

在像非洲這樣的新興市場中，經常會出現意料之外的成本，像是物流成本。你在進行收購的時候，要如何把這些意外支出納入初始淨現值中？

如同新藥上市的風險，你可以列出各種情境來分析悲觀結果成真的機率。要準確列出那些情境，你必須好好研究要投資的公司和它所在的國家。運用發生機率算出所有情境的加權平均結果，就是你在面對這類不確定性的時候，可以提出的最佳估值。

你覺得跨國收購可能會在整合上造成哪些困難？

文化差異發生的機率可能更高，因為不只是企業之間的文化不同，還有國與國間文化差異的問題。

綜效可能比預期中更難以達成。舉例而言，如果語言不同，就沒有辦法整合IT電話客服中心。此外，整合一間千里之外的公司也有諸多危險性。當地管理者可能沒有動力與你合作，也可能拒絕你要推動的改革。為了做出正確的決定，把上述種種可能爆發的問題納入情境分析中，至關重要。

真實世界觀點 ━━━━━━━

海尼根財務長德布羅克斯評論：

最糟的事情就是把兩個組織放在一起，然後說：「我們要把兩個世界最好的部分相結合。我們要慢慢來，選定企業資源規劃系統（ERP system），也要來看看該怎麼解決資訊部門的問題。」大家聽了會完全沒有動力，也搞不清楚狀況。比較好的做法是不要讓員工卡在這種動彈不得的情況，不知道組織接下來會何去何從。讓他們知道自己現在的老闆並不會是未來的老闆反而還比較好。如此一來，他們就可以做出明確的決定：「要留下來，還是要離開？如果留下來，我有足夠的動力繼續努力嗎？我有辦法跟他們之後要派來掌權的人共事嗎？」你要講清楚，越早講清楚，對公司和員工而言越好。

渤健的股票回購

2015 年以前，渤健的營收年成長率在 20% 至 40% 之間，關鍵在於治療多發性硬化症的藥物 Tecfidera 大獲成功，帶動渤健的事業幾乎翻倍。由於公司不斷累積現金，財務前景又好，怎麼處理多餘的現金就成為投資人特別好奇的問題。

2015 年，財務長克蘭西與董事會成員會談，並獲得董事會授權執行 50 億美元的股票回購計畫，公司預計分多年度執行該計畫。董事會通過這項計畫案的時候，公司股價在高點，大約在 350 至 400 美元之間，因此公司決定要稍微等一下再施行。

幾個月後，Tecfidera 的成長開始放緩，股價掉到 250 美元左右。依據克蘭西的計算，市場的判斷錯誤，低估公司價值約 20%。據克蘭西的說法，公司那一陣子還不斷「積極透過補強式收購（tuck-in acquisition）和幾個有機成長計畫來開發新產品，可能在未來幾年開花結果。」

相較於關心渤健的分析師與投資人，克蘭西在估算自家公司價值的時候，有什麼優勢和劣勢？

克蘭西和外部分析師不一樣，他應該更清楚公司本身與旗下藥物的前景，但是他可能不了解外部觀點，從內部人士的角度來看，看到的可能是有色的視角。由於股價下跌，克蘭西和他在渤健的團隊決定出手，加速執行股票回購計畫。

在短期內執行股票回購有什麼好處？〔提示：想想發送信號（signaling）的概念。〕

好處就是公司可以藉此送出強而有力的信號，彰顯自己相信股價被低估了。定期進行股票回購反映的是公司有一套回購政策，但一口氣買回大量股票，就代表公司深信股價被低估。圖6-13呈現了渤健股票回購計畫的情況，包括公司從2015年1月起的股價表現。直到2017年7月止，渤健的股價都在略低於300美元的水位跳動，直到宣布阿茲海默症的新藥，股價才跳到350美元上下。

你認為渤健的股票回購計畫是否成功？為什麼或為什麼不？

圖6-13　渤健股票回購計畫與股價表現，2012至2018年

渤健總共買回價值 54.6 億美元的股票，加權平均買價是 303.66 美元。2018 年結束前，渤健股價已經達到 325 美元。

蘋果股東起義

激進派投資人對管理層施壓的情況越來越常見，他們會要求公司高層對資本配置的決策提出合理的解釋。2012 年，蘋果產品在市場上締造亮眼成績，股東卻在此際起義反抗。當時，蘋果手中累積超過 1,300 億美元的現金，股票市值高達 5,600 億美元，這意味著公司價值是 4,300 億美元（用市值扣除超額現金）。大衛・安宏（David Einhorn）與卡爾・伊坎（Carl Icahn）率領股東起義。

安宏和伊坎認為，蘋果的作為像一間銀行一樣，一直累積現金，但這些現金沒辦法換取任何利息。股東要求蘋果把部分現金拿出來分配給股東，但蘋果拒絕了，理由如下：第一，世界經濟局勢不穩定，未來可能需要這些現金來度過難關。第二，這些錢未來可以用來投資。

蘋果的解釋理論上沒有問題，問題是它們手中的現金量遠超過那兩個說法可以解釋的合理金額。舉例而言，如果事業出問題，根本不用那麼多錢就可以再撐好幾年。投資也是，就算當時從來沒有靠收購成長過的蘋果哪天真的想買下其他公司，那 1,300 億美元也夠買下三家惠普還有剩了。事實上，在蘋果後來收購的公司中，距離股東起義時間點最近的一樁 Beats 收購案也才花費 30 億美元而已。

蘋果之所以不願意發放股利或進行股票回購還有一個關鍵原因。蘋果大部分的現金都放在愛爾蘭，如果拿回美國，可能就得支付高額稅金，那是蘋果不樂見的結果。為了繞過這個問題，安宏提議了一個叫做「iPref 股」的解方。安宏指出，蘋果當時股價是 450 美元，EPS 是 45 美元，本益比乘數達到十倍，因此他建議從 45 美元的 EPS 中，抽出 10 美元，以 iPref 股利的形式發放給股東。更準確地說，就是股東每持有 1 股普通股，就可以獲得 5 股 iPref，每持有一股 iPref，每年就可以獲得 2 美元股利。實際上，安宏就是想把 45 美元的 EPS 拆分成與普通股部分的 35 美元，以及與 iPref 股部分的 10 美元盈餘。

為什麼要這麼麻煩？安宏的說法是，這項做法

會釋放出大量價值。新的普通股價值本益比依然是十倍，因為不管是原本的普通股或是新的普通股價值都會是 350 美元。而新 iPref 因為有那一堆愛爾蘭的現金撐腰，會被視為非常安全的債券，所以 4% 的報酬率就夠讓投資人滿意了。投資人願意接受 4% 的報酬率，意味著那 5 股 iPref 的價值總額會是 250 美元（250 美元 × 4% = 10 美元股利）。也就是說，iPref 的價值乘數會達到二十五倍，或者說是 4% 的回報率。因此，過去價值 450 美元的股票現在會被拆分，總價值上升到 600 美元（250 美元加上 350 美元）。

為什麼安宏可以運用這種財務工程操作創造每股 150 美元的價值？這個計畫哪裡錯了？為什麼違反了價值中立的概念？

安宏的意思是，把 45 美元的盈餘拆分，變成 35 美元給普通股、10 美元給 iPref 股，價值就會驟升。他怎麼做到的？關鍵就在於，他認為假設 iPref 乘數是二十五倍、新普通股乘數十倍是沒有問題的。

這兩項假設（iPref 乘數二十五倍、普通股乘數十倍）究竟哪一個有問題？一開始，可能是二十五倍感覺比較可疑，但其實這個乘數反而是合理的，因為

一般債券的殖利率很低，iPref 又真的很安全。讓人懷疑的是蘋果如何確保普通股的本益比乘數會和以前一樣，維持在十倍。這等同於是說舊的普通股那 45 美元的盈餘價值應該等同於新普通股獲得的 35 美元盈餘。

但這兩筆盈餘收入相同嗎？蘋果的資本結構納入 iPre5 之後，新普通股的風險變高了。安宏其實就是在說你不在乎風險，就算現在有其他人可以比你優先獲得支付，你還是願意和過去一樣付十倍的價格購入普通股。也就是說即使承擔了額外風險，你也不會要求更高的報酬。這是個很可疑的假設，普通股的本益比應該要降低，因為投資人在承擔較高風險的同時，對報酬的預期會跟著提高（請見圖 4-11）。

想像一下你是蘋果公司。安宏提出 iPref 股的想法來與高層抗爭，而你的股東要求你有所作為。即便知道 iPref 股沒辦法做到安宏承諾的效果，你還會同意執行 iPref 的構想嗎？你會試著向股東說明，安宏的算法其實很可疑嗎？你會發放股利或買回股票嗎？

就算安宏的邏輯有可疑之處，蘋果還是接受並啟動了史上規模最大的股票回購計畫，並漸漸將股利

提高到過去的好幾倍。公司承諾會在 2015 年以前，發放超過 1,000 億美元。蘋果同意分配現金的時候，同時借款 200 億美元。明明有一堆現金，為什麼還要借錢？其中一個原因是要避免把錢從愛爾蘭拿回來的時候被課稅。蘋果反覆操作這種一手發錢、一手借錢的做法。返還給股東的錢，大多是靠借款支應。2018 年，蘋果的債務總額達到約 1,150 億美元，同時分配了 2,900 億美元現金（大部分是以股票回購的形式發放），並持有約 2,800 億美元現金。

這段期間（特別是在宣布要分配現金的時候）蘋果股價都會先大漲，最後再回落。安宏的邏輯錯誤，而且他應該心知肚明。但他成功讓大家的焦點放在蘋果的現金上，而蘋果高層的態度基本上就是：「好，我們就來分配這些現金流，並開始走資本配置樹上的這條現金分配之路。」

小測驗

請注意有些問題的答案不只一個。

1. 2017 年 2 月 14 日，哈門那公司（Humana, Inc.）宣布 20 億美元的股票回購計畫，其中 15 億美元在 2017 年第一季加速執行。股票立刻從每股 205 美元漲到 207 美元。下列何者是公司宣布進行股票回購之後，股票上漲的原因？

   A. 信號理論
   B. 反稀釋
   C. 價值創造
   D. 稅

2. 2016 年 9 月，拜耳宣布以 660 億美元的價格收購孟山都（Monsanto）。在完成併購後，拜耳有什麼需要擔心的事情？（請選擇所有適切的答案。）

   A. 盡職調查
   B. 綜效實現
   C. 文化融合
   D. 準確的最終成長率

3. 你的公司有100萬美元的自由現金流，現在要決定如何配置這些資本，以進行有機成長、發放股利、股票回購。公司有機會進行有機成長，但需要投資100萬美元，計畫的淨現值為230萬美元。或者可以給100萬名股東每人1美元的股利。又或者以10美元的價格買回10萬股。你應該怎麼做？

    A. 用100萬美元投資有機成長計畫

    B. 分配100萬美元股利

    C. 利用股票回購計畫分配那100萬美元

    D. 發放0.50美元股利，再用剩餘的50萬美元買下5萬股

4. 從財務的角度來看，下列何者可能是企業集團的問題？

    A. 企業集團可以透過分散投資得到好處，為股東創造價值

    B. 企業集團可以進行水平整合以控制定價

    C. 不同產業的經驗廣度可以提高公司評價

    D. 股東自己就可以分散投資，不需要公司來幫他們做

5. 2016年10月，微軟宣布400億美元的股票回購計畫。下列何者是股東可能偏好股票回購而非股利的原因？（請選擇所有適切的答案。）

    A. 股票回購的稅率可能比股利低（用資本利得稅稅率而非所得稅稅率計算）

    B. 股票回購發送出公司認為股價被低估的信號

    C. 股利會稀釋既有股份的價值

    D. 股利會減少公司持有的現金量，因此降低公司價值

6. 下列哪一種評價技巧可以降低收購時支付過高金額的風險？

    A. 信號理論

    B. 文化融合

    C. 盡可能提高綜效估值

    D. 情境分析

7. 2016年，加拿大的公司發行的股數創歷史紀錄。為什麼發行新股往往會使公司股價下跌？

    A. 股權稀釋

    B. 信號理論

C. 發行股票必定會破壞價值

D. 投資人偏好公司以發行股票籌措的資金進行股票回購

8. 一名無良的執行長進行股票回購的原因可能有哪些？（請選擇所有適切的答案。）

A. 提高 EPS 以達標

B. 發送虛假的信息，讓市場認為執行長相信公司股價被低估

C. 股利的稅率和股票回購的稅率不同

D. 股利受到美國證券交易委員會（Securities and Exchange Commission）管制，股票回購則是以美國勞動部（Department of Labor）為主管機關

9. 下列何者創造的價值最高？

A. 淨現值為正的計畫

B. 發放股利

C. 股票回購

D. 以上皆非

10. 下列何者是收購失敗的可能原因？（請選擇所有適切的答案。）

A. 綜效未能實現

B. 收購價格過高

C. 文化衝突

D. 資金成本不同

章節總結

資本配置逐漸成為管理者的心力重點，配置決策可以創造價值也可以破壞價值，如果決策做得不好，像是籌謀失當的併購案、時機欠佳的股票回購，可能會衝擊其他管理決策的成效。資本配置決策樹的

機會與陷阱彙整在圖 6-14 當中。

核心推動力應該且必然是追求可以創造價值的機會，而買回股票並沒有創造價值，只是重新分配價值而已。如果你擁有創造價值的機會，那麼最關鍵的決定就是到底要在內部追尋或向外找機會。這個交叉路口是個超級地雷區，「併購比較快」、「想想綜

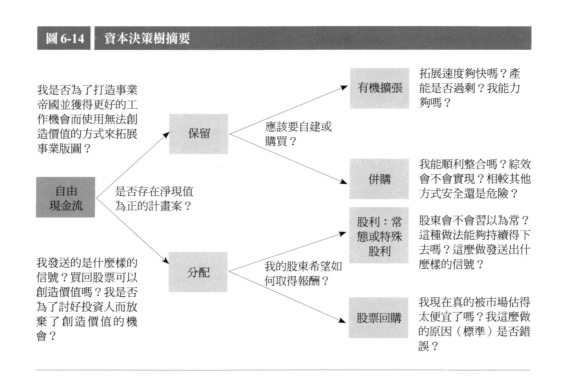

圖 6-14　資本決策樹摘要

我是否為了打造事業帝國並獲得更好的工作機會而使用無法創造價值的方式來拓展事業版圖？

自由現金流

我發送的是什麼樣的信號？買回股票可以創造價值嗎？我是否為了討好投資人而放棄了創造價值的機會？

是否存在淨現值為正的計畫案？

保留

分配

應該要自建或購買？

我的股東希望如何取得報酬？

有機擴張

併購

股利：常態或特殊股利

股票回購

拓展速度夠快嗎？產能是否過剩？我能力夠嗎？

我能順利整合嗎？綜效會不會實現？相較其他方式安全還是危險？

股東會不會習以為常？這種做法能夠持續得下去嗎？這麼做發送出什麼樣的信號？

我現在真的被市場估得太便宜了嗎？我這麼做的原因（標準）是否錯誤？

效！」這種常見的邏輯，往往錯得離譜。

　　另一個交叉路口要選擇的是不同的現金分配方法，這也是很容易出錯的地方。重要的一課是公司內部與外部的現金價值相同，也就是說價值是由資產創造，而非籌資決定。這些決定只有在市場不完美的背景（如：稅、資訊不對稱）之下，才有意義。在這一個交叉路口，好好思考決策會發送出什麼樣的信號，帶來哪些代理人成本與稅務後果，超級重要。採用不同的分配策略並利用特殊股利特別有效。

結論

恭喜你讀完全書了！希望閱讀本書的過程讓你覺得有挑戰性、嚴謹又有趣。也希望你現在使用現金流折現、比率分析、乘數等財務工具時，比過去更順手，也弄懂了這些工具背後高層次的財金觀念。以下讓我們回顧幾個重要概念，並提供你進一步探索財金世界的建議。

- 資本市場與財務金融的重點在資訊與誘因，而不是錢。財金的本質是要試著解決現代資本主義深層的問題：代理人問題，或者說是擁有權與控制權區隔的問題。

- 資本配置是財務長與執行長面對的財務問題中，最為重要的一個。現金什麼時候要拿來分配，什麼時候要拿來進行再投資？要選擇有機成長還是無機成長？分配現金的時候要用股票回購的方式，還是發放股利？這些問題都可能大幅創造價值，或是嚴重破壞價值。

- 價值全部來自於未來。現值反映的是市場對於公司未來創造價值的預期。唯有盈餘報酬長期高於資金成本，且持續投資現金流換取上述高於資金成本的報酬時，才能算是價值創造。

- 股東權益報酬率（ROE）是衡量公司表現的重要指標。ROE的組成包括獲利能力、生產力與槓桿程度。分析財務表現的時候，必須要採用比較型、相對型的架構，如果不和其他數字相比，或是不考慮產業與時空環境因素，那麼數字就毫無意義。

- 獲利能力的概念非但不完整，還會造成問題，因為獲利忽略了現金的概念。用現金衡量經濟報酬是個比較準確的方式。衡量現金的方式有很多種，包括EBITDA、營業現金流，和最有用的自由現金流。

- 評價是一門藝術而非科學。準確來說，評價是奠基於科學之上的一門藝術。雖然如此，但許多關鍵組成都很主觀，評價流程也很容易出錯。一定要特別注意評價流程中預設的隱藏偏見，特別是光鮮亮麗的綜效與各方意見背後的動機盤算。

- 報酬應該要和風險相稱，且談論風險時，必須放在分散型投資組合的框架底下來談。超額報酬不容易賺取，也很難確認你到底是不是真的獲取了超額報酬。

- 公司管理者是為資金提供者管理資本的管家。如果無法如期創造資本報酬，就需要給資金提供者

相應的回報，彌補他們因為延後獲取報酬並承擔風險而蒙受的損失。

- 將現金返還給股東與眾多其他財務決策本身並不會創造或破壞價值，那些決策之所以重要，是因為管理者、資本市場與其他體制的缺陷造成了資訊不對稱的問題。

或是試探看看你財金圈的好友是否真的了解自己所說的財金語言。

- 最後，堅持不懈。財金學習是會持續一輩子的旅程，你投注得越多，回報就越可觀。

下一步

我希望你將本書視為起點而非終點，帶著在書中學到的各種財務工具與技巧，踏上終身財金學習之旅。在規劃接下來的學習之途時，價值創造的祕訣可以派上用場。

- 第一，妥善投資寶貴的時間。選幾家你有興趣研究的公司，追蹤它們的財務表現，並聆聽股東會的內容。閱讀財經新聞。找機會與公司內的財務主管坐下來聊聊，問些犀利的問題。

- 第二，持續成長。以書中提到的觀念為基石，進一步吸收財金知識。向他人傳授你學到的內容。和身邊的親朋好友、另一半一起試著做第一章的練習，

解答

第一章

1. **C. 槓桿也會讓損失加倍，因而增加公司風險。** 槓桿會放大獲利，也會放大虧損，因此會增加整體風險。從好的一面來看，這種乘數效果可以增加收益，但虧損的時候，槓桿就會讓投資人賠得更慘。

2. **B. 屬於穩定、可預測的產業，並且現金流穩定的公司。** 由於槓桿會增加風險，因此，通常都是商業模式風險最低的公司才最有可能承擔高槓桿度。投入新興產業的公司風險通常比較高，再加上財務風險只會雪上加霜。

3. **D. 特別股的股息必須是偶數（例如：2%、4% 等）。** 特別股是一種權益型式，因此代表對公司的所有權。它「特別」的點在於公司倒閉時，特別股股東可以比普通股股東優先獲得支付，在發放股利的時候，也必須讓特別股東先領取，才輪得到普通股股東。

4. **A. 吉利德科學自行研發的高利潤 C 型肝炎療程專利。** 專利是一種智慧財產權，通常不會列在資產

負債表上的資產側，除非研發該專利的公司被另一間公司收購，專利價值才會列入表上資產。在這種情境下，專利的價值可能會成為商譽資產的一部分。現金科目（像是臉書持有的現金）是現金資產；建物是不動產、廠房及設備資產；公司未支付的賒帳金額會列入應收帳款科目。

5. **A. 速食業者：Subway**。存貨週轉率衡量的是公司每一年完售庫存的次數。販售食品的公司（如：雜貨業者或速食業者）通常會比較快銷光庫存，因此存貨週轉率較高。由於雜貨店同時販售非食品類商品（如：燈泡和衛生紙），速食業者的存貨週轉率通常還是最高。書店販售的商品可以在架上放好一陣子也無妨，航空業者則沒有任何實體存貨。

6. **B. 低應收帳款收帳期**。零售業者的應收帳款收帳期通常不長，因為顧客一般會在購買商品的時候，立刻結帳。透過應收帳款收帳期的數字，可以輕易看出一間公司主要是把東西賣給企業客戶（應收帳款收帳期長）還是賣給一般顧客（應收帳款收帳期短）。股東權益報酬率（ROE）、存

貨週轉率和負債水平會因為販售的商品品項不同而出現顯著差異，各零售業者間的數據也截然不同。

7. **D. 鋼鐵製造商：美國鋼鐵公司**。一間公司如果欠必和必拓集團錢，必然是有定期向必和必拓這間礦業公司購買商品（原礦砂）來進行加工。必和必拓集團可能會欠錢給美國銀行、礦業招募機構、西斯科；換言之，這幾間公司可能是必和必拓集團應付帳款的欠款對象。在四個選項中，只有美國鋼鐵公司會購買原礦砂來製成鋼鐵，因此可能欠必和必拓集團錢（成為應收帳款科目的一部分）。

8. **B. 供應商**。流動比率可以用來衡量一間公司以短期資產付清短期債務的難易度，換言之，就是看該公司付清帳單的能力有多強。選項中的四個角色都會想了解公司的流動比率，但供應商會最在乎這項數據，因為它們就是公司欠款的對象。

9. **B. 否**。高 ROE 確實是公司想追求的目標，但ROE 高未必是件好事。從組成 ROE 的項目可以看出公司能不能長期維持 ROE 的數字，還是其實高

ROE 是奠基在可能摧毀公司的基礎之上。天柏嵐就是靠槓桿度而非獲利能力撐高 ROE 的例子。

10. **A. 債務會有相應的明確利率。** 債務是一種特別的負債，因為會有明確利率。它和權益不同，純粹的債務持有人並沒有公司所有權，而權益持有者則通常可以要求取得公司殘值。任何借錢給公司的人都可以是債務的債權人，不一定是供應商，也可能是銀行。

第二章

1. **B. 提振銷售。** 籌資缺口的計算公式是存貨週轉天數加上應收帳款收帳期，再減掉應付帳款付帳期。如果想縮小籌資缺口，可以減少存貨天數、縮短應收帳款收帳期，或是增加應付帳款付帳期。提振銷售不會改變籌資缺口的天數，但會增加你需要的資金，因為整體而言你會需要更多營運資金。

2. **A. 經濟報酬的組成是什麼（淨利或自由現金流）；B. 如何衡量資產（歷史成本或未來現金流）；D. 如何衡量權益價值（帳面價值或市場價值）。** 財務和會計在經濟報酬（淨利或自由現金流）、資產價值（歷史成本或未來現金流）、權益評價（帳面價值或市場價值）上，看法分歧。但兩者都同意存貨應該記錄在資產負債表上。

3. **B. 4 億美元；C. 5 億美元。** 公司只應該投資現值大於投資成本的計畫，也就是淨現值大於 0 的計畫。在題目敘述的案例中，只有 4 億和 5 億美元的現值大於投資成本 3.5 億美元。

4. **B. 230,000 美元。** 要判斷一項投資計畫的現值，就要把所有與該筆投資相關的現金流折現後相加。這一題現金流相加的結果是：480,000美元（$90,000+$80,000+$70,000+$60,000+$180,000）。一筆投資的淨現值是用現值扣除成本得出的數字，在這裡就是 230,000 美元（$480,000－$250,000）。

5. **C. 折舊並非現金費用。** 折舊不會真的對應到現金支出，但是會減少淨利。因此計算經濟報酬時，如果要把重點放在現金，就要把折舊和攤銷費用

加回去。

6. **A.臉書營運創造的未來自由現金流折現總和，加上現金扣除債務後的金額，顯示臉書的股票價值應該有150美元。** 公司只要有能力，就應該投資任何淨現值大於0的計畫。在股票市場上，對一支股票的需求應該會不斷推高價格，直到淨現值恰好等於0。淨現值要剛好是0，股價必須等於該股票的預期現金流折現值。在臉書的例子中，如果股票現價是150美元，就代表投資人相信未來股東能夠獲得的所有自由現金流折現後的價值是150美元。

7. **B.五十二天。** 籌資缺口的計算公式是存貨週轉天數加上應收帳款收帳期，再減掉應付帳款付帳期。用美國鋼鐵公司的數字計算，籌資缺口就是五十二天（68天＋33天－49天）。

8. **C.2%。** 如果你提早付錢給供應商，籌資缺口就會擴大，那麼你就需要跟銀行借錢取得資金，以支應缺口擴大的部分。目前，你支應該缺口的方法是放棄供應商給的2%折扣。供應商要你提早

二十天付款，換取2%的折扣，隱含的意義就是讓你以2%的利率貸款二十天。

9. **B.否，因為現值還是5,000萬美元。** 在財務的世界中，不需要考量沉沒成本，因此投資的原始成本與當時預估的未來現金流已經沒有意義。只要看目前的狀況就可以了。在這個案例中，投資成本現在是0（因為已經付了），投資現值則是5,000萬美元，也就是說讓廠房持續營運的淨現值是5,000萬美元。既然是正值，公司就應該持續經營該廠房，不要關廠。

10. **B.只提供給資金提供者，且經稅務調整。** 自由現金流是所有資金提供者可以使用的現金流，不分債權人或權益持有人。自由現金流的公式如下：

$$自由現金流 = EBIAT ＋ 折舊與攤銷成本$$
$$\pm 淨營業資金變動量$$
$$- 資本支出$$

第三章

1. **A.做多通用汽車，放空福特汽車。**設定對沖的時候，你要找出兩家相似的公司，買進（做多）你覺得會表現比較好的那家，並賣出（放空）你覺得未來表現較差的。在這一題的案例中，你應該做多（買進）通用汽車，並放空（賣出）福特汽車。

2. **B.降低你的投資組合相較於報酬的風險。**分散投資是透過增加投資組合中的股票檔數以減少整體風險的過程。由於不同公司表現不盡相同，相關性不會達到百分之百，因此分散投資可以降低報酬的變動性，又不需要犧牲風險調整後的報酬，使投資人受益。

3. **D.投資人無法確認公司盈餘未達預期是因為湊巧或運氣不好，還是代表公司管理層試圖掩蓋更深層的問題。**公司盈餘未達預期的時候，股價可能會受挫，因為投資人不確定未達預期的原因是什麼。由於投資人與公司管理者之間存在資訊不對稱的問題，盈餘與預期不符時，投資人往往會

假設最壞的解釋才是真的。舉例而言，輝瑞藥廠2016年11月公布的盈餘是每股61美分，未達預期的62美分，雖然才少這麼1美分而已，輝瑞股價卻在盈餘公布後跌了約3.5%。

4. **A.跨國化工廠與藥業：拜耳。**設定對沖操作的時候，一般會盡量找到大致可以相比較的公司。在這一題中，你應該要把陶氏化工和拜耳這兩間化工企業連在一起。分散投資可以降低整體風險，但沒辦法明確將陶氏化工的風險獨立出來，並規避那項風險。

5. **B.分析師不敢出具「賣」某公司股票的建議，因為那間公司未來可能就不會與分析師的雇主做生意了。**那間公司可能會把生意交給其他人，以此作為報復手段，偏偏被抽掉的生意又是分析師的雇主主要收益來源。投資人投資表現好的公司，退休基金投資高品質的公司都是好動機的展現。當執行長的大筆個人財富與股票選擇權（stock options）掛勾的時候，他通常會減少風險，甚至太過保守。

6. **C. 賣方公司**。大部分的證券研究分析師受雇於賣方公司。像投資銀行這樣的賣方公司會雇用分析師來提供機構型投資人客戶（買方）觀點與資訊，希望那些投資人會因為喜歡旗下分析師，而把更多生意交給它們做。

7. **A. 分析師會努力提供精確的公司評價結果；B. 排名佳的分析師可能會選擇和其他分析師類似的評價結果以向對方「靠攏」，藉此維護既有排名；D. 排名差的分析師可能會提出古怪、標新立異的預測，希望運氣好的話就能一口氣衝到前段班。** 由於分析師的薪水會依據排名調整，他們會努力確保自己的排名在前段班。這可能會提供好的誘因，讓分析師努力做出正確評價，但也可能提供壞的誘因，使分析師選擇人云亦云，以保住既有排名，或者提出大膽、誇張的預測，希望排名因此竄升。已經有研究發現分析師的從眾行為會使分析師出具的報告品質下降、增加盈餘不符預期的頻率，因此加深資訊不對稱的問題，進而使市場波動性更大。

8. **C. 賣方**。首次公開發行（IPO）就是賣股票，因此是交由賣方公司處理。臉書 IPO 的市值高達 1,040 億美元，是網路史上最大的一樁 IPO 案，當時由三家投資銀行共同承銷，包括：摩根史坦利、摩根大通、高盛（Goldman Sachs）。

9. **B. 買下企業、改善營運，再出售給其他私人投資人或公開市場**。私募股權產業在過去幾十年來快速成長，一份麥肯錫（McKinsey & Co.）出具的報告指出，經理人管理的私募股權資產總額在 2017 年以前，已經攀升至 5 兆美元。[1]

10. **D. 代理人問題**。在這個案例中，房仲（代理人）在幫屋主（委託人）賣房子的時候，沒有像幫自己賣房子一樣認真，或是表現沒那麼好。1992 年，麥可·阿諾（Michael Arnold）在《美國房地產與城市經濟協會期刊》（*Journal of the American Real Estate and Urban Economics Association*）發表的文章[2]中，分析了三種房仲的薪資架構（固定比例佣金、固定費用、寄售），他發現急著賣房的屋主搭配固定比率佣金（房仲收取最終成交價格的一定百分比率作為佣金）最適合，而不急著賣房的屋主則適合與寄售型房仲合作（賣家先取

得一筆談好的金額，之後高於這個金額的部分都歸房仲所有）。

第四章

1. **A. 超過資金成本的資本報酬；B. 再投資獲利以使公司成長。** 要創造價值，需要做到以下三件事：資本報酬超過資金成本、將獲利重新投入公司以追求進一步成長、長時間做到前兩件事。每股盈餘是會計上的衡量方法，無法反映價值創造的成果，單看毛利〔銷貨收入減掉銷貨成本（cost of goods sold）〕也無從得知營業費用之後會不會抵銷毛利。

2. **B. 用以衡量某支股票與大盤的連動程度。** 在分散投資沒有額外成本、大部分的投資人又是全面投資大盤的情況下，公司股價與市場投資組合的相關性（也就是個股的 beta 值）才是有意義的風險指標。舉例而言，蘋果的 beta 值是 1.28，意思就是平均來說，市場股價漲 10%，蘋果股價會漲 12.8%，大盤跌 10%，蘋果股就會跌 12.8%。

3. **C. 部門C。** 如果 beta 值被高估，會造成整體權益成本被高估，導致資金成本過高，結果就是投資計畫的現值被低估，公司因此不敢投資。相反地，如果 beta 值被低估，權益成本就會被低估、計畫案現值被高估，致使公司過度投資。這一題中，使用平均 beta 值 1.0，對部門 C 而言太低了，因此公司對此部門的投資會過量。

4. **A. 借錢給你的人會告訴你目前的貸款成本。** 借款方會依據一間公司的風險性（風險性的算法不是拿公司的流動比率乘上信用評分）算出信用差，再結合無風險利率後，算出債務成本（cost of debt）。用 WACC（加權平均資金成本）扣除權益成本後，得到債務成本的做法反過來了，應該是先知道成本，才算出 WACC。

5. **B. 小於 1。** 當資本報酬率小於資金成本，股價淨值比會小於 1。在這一題當中，未來每一年的自由現金流都會進行折現，折現率（資金成本）會比公司成長率（資本報酬率）來得大。在這種情況下，公司業主應該考慮休業，因為繼續營運只會減損價值。

6. **B. 否。**（在利息支出可以抵稅的國家）公司可以在一定程度內透過增加槓桿程度提高自身價值，因為債務的利息支出會創造稅盾效果。然而，到達一定程度之後，那間公司就會達到它的最佳資本結構點，此時再進一步舉債，財務困難的成本墊高的速度就會超過稅盾創造的效益。

7. **B. 用無風險利率加上你的權益 beta 值與市場風險溢酬的乘積。** 依據資本資產定價模型，權益成本是無風險利率加上 beta 值與市場風險溢酬的乘積。1990 年，威廉・夏普（William Sharpe）、哈里・馬可維茲（Harry Markowitz）、默頓・米勒（Merton Miller）共同獲得諾貝爾經濟學獎，肯定他們在 1960 年代開發出資本資產定價模型的貢獻。

8. **A. 高權益資金成本。** 依據資本資產定價模型，權益成本是無風險利率加上 beta 值與市場風險溢酬的乘積。因此，beta 值較高，權益成本也會比較高。由於權益成本代表的是股東對公司的期待，因此權益成本高，意味著股東預期高 beta 值產業的報酬會比低 beta 值產業來得高。

9. **D. 因為它們的報酬率高於資金成本，所以可以創造價值。** 淨現值（NPV）為正的計畫報酬率會大於資金成本，並且就像第二章的內容提到的，淨現值是判斷哪些計畫可以創造價值的指標。淨現值看的是一個計畫案折現後的自由現金流，折現時採用的折現率就是資金成本。用這種方式將所有自由現金流加總後，唯有計畫報酬大於資金成本才能使現值為正。

10. **A. 盡可能把獲利拿去再投資。** 要創造價值，需要做到以下三件事：資本報酬超過資金成本、將獲利重新投入公司以追求進一步成長、長時間做到前兩件事。在這個情況下，由於公司的資本報酬大於資金成本，因此應該要盡可能把錢拿去再投資，才有辦法創造最大價值。在第六章，我們會更仔細討論再投資以外的現金用途：分配給股東。

第五章

1. **C. 1,125 億美元**。進行情境分析的時候，目標是要判斷預期價值。預期價值是用各個情境發生的機率去計算加權平均。套用本題的情況，就是用 500 億美元乘以 25%，加上 1,000 億美元乘以 50%，再加上 2,000 億美元乘以 25%，算出加權平均後，得知預期價值是 1,125 億美元。出價不應該超過這個金額，因為這是你對這間公司的預期價值。如果只依據最佳情境出價，你就算想盡辦法達到最佳情境，淨現值也只是 0。

2. **C. 5 億美元**。如果你算出一間公司的估值是 5 億美元，並預期合併後會創造 5,000 萬美元的綜效，而且你希望可以將綜效的效益保留在自己這邊，那麼在收購那間公司的時候，就不應該支付超過 5 億美元（如：5.5 億美元），因為那麼做會把所有綜效都拱手讓給木材公司的股東。

3. **A. 市場認為百勝餐飲的成長機會比溫蒂漢堡或麥當勞更大**。本益比這個乘數可以追溯回一個成長型永續年金的方程式，方程式的分母是折現率減掉成長率。因此，本益比高的公司要不是折現率低，就是成長率高。雖然我們不確定這些公司的確切價值，但只有百勝餐飲成長機會較多，可能可以解釋為什麼百勝餐飲的本益比會比溫蒂漢堡和麥當勞高。

4. **C. 收購破壞了價值，並將財富從收購方手上轉移給標的公司**。你的公司價值降低，被收購的對象價值則增加了，這就代表價值從收購方轉移到被收購的標的。被收購的公司股東持有的價值增加 2,500 萬美元，你的股東則蒙受價值損失，因此這不是大家各自享受部分綜效的狀況，而是把你的價值轉移給對方公司。而且你損失的價值大於對方提升的價值，這代表價值被破壞了。試想現在兩間公司已經合為一個單位，而那個單位同時增加 2,500 萬美元與損失 5,000 萬美元，淨損失 2,500 萬美元就是減損的價值。

5. **C. 流動資產對流動負債比**。P/E、企業價值／EBITDA、市值／EBITDA都是評價乘數。股價、企業價值、市值等數值反映的都是某種價值，因此是評價乘數。流動比率（流動資產除以流動負債）反映的不是價值多寡。雖然流動比率

非常好用，對供應商而言尤是如此，但並沒有提供任何關於公司評價的資訊。

6. **C. 折現率 9%、成長率 3%。**企業價值除以自由現金流得出的比率可以想成是一個成長型永續年金的方程式，在這個方程式中，分子是 1（因為該乘數會乘上自由現金流，藉此得知總價值），分母則是折現率減掉成長率。如果企業價值除以自由現金流得出的比率是 16.1，那麼在固特異輪胎的成長型永續年金成長方程式中，分母（$r-g$）必須等於 1/16.1。這樣算出來大概是 6%，因此折現率減掉成長率必須等於 6%。在這一題的情境中，只有一個選項（9% 和 3%）符合這個條件。

7. **D. 10,000 美元。**利用成長型永續年金方程式可以算出這個教育機會的價值是 $1,000 / (13% − 3%)，也就是 10,000 美元。這個價值應該等同於你願意支付的最高金額。

8. **D. IRR 25% 的投資案看起來可能更有吸引力，但你要先做現金流折現分析。**內部報酬率（IRR）的首要規則就是永遠不要投資 IRR 低於 WACC 的計畫。由於兩個計畫的 IRR 都比 WACC 高，因此你要找別的方法來做比較。但因為 IRR 在判斷公司創造多少價值上，不是一個好的指標，因此沒辦法只從 IRR 看出哪一個計畫可以創造比較多價值。IRR 是 25% 的那個計畫比較有可能創造較高價值，但還是要做淨現值分析才能得到確切答案。

9. **A. 用來計算終值的成長率太高了；B. 以產業成長率作為企業的成長率；C. 以企業價值而非權益價值作為收購價格。**終值的成長率遠高於整體經濟意味著那間公司最終會主宰全世界。當整體經濟成長率介於 2％至 4% 之間，公司 6% 的成長率太高了。此外，你的助理提出出價建議的時候，把綜效納入考量，但那些綜效會把收購案創造的價值全部轉移給被收購的公司，而不是你的公司。最後，助理建議的價格忽略了 5,000 萬美元的債務和 1,000 萬美元現金，這兩者會使權益估值低於公司的估值 1 億美元。不過，他倒是做對了一件事情。以產業成長率當成公司近期的成長率是正確的做法，因為同產業內的公司成長率通常相去不遠。

10. **A. 淨現值為1億美元的計畫案**。淨現值為正的計畫可以創造價值，因為這些計畫不只是蓋過了計畫本身的成本和資金成本，還創造了額外的價值。投資回收期和 IRR 有很多問題，沒有辦法用來明確判斷某個計畫是否能創造價值，因此我們不會想要用那兩個指標。現值可以明確指出一個計畫的價值，但沒辦法提供任何關於價值創造的資訊，因為它沒有把投資成本納入考量（舉例而言，如果這個計畫的成本是 2.5 億美元，就會減損價值）。

第六章

1. **A. 信號理論**。股票回購不會創造價值，但是會向市場發送信號，表示企業高層相信股價被低估，因此股價會走揚。這個解釋最終會回歸到資訊不對稱的概念。如果掌握相關資訊的人認為目前的股價值得投資，其他投資人就會想跟進。

2. **B. 綜效實現；C. 文化融合**。收購後，盡職調查與精確的終值成長率就沒那麼重要了，因為評價與出價流程已經走完，被收購的公司價值已經支付完畢。文化融合與綜效實現還是很重要，是拜爾必須關注的焦點。如果沒有注意這兩個問題，收購創造的價值很可能會比推估 660 億美元這個買價時所採用的評價來得低。

3. **A. 用 100 萬美元投資有機成長計畫**。公司只要發現有淨現值為正的計畫，就應該投資，因為那些計畫會為公司創造價值。相反地，用股利或股票回購的形式分配現金則不會為公司創造價值。

4. **D. 股東自己就可以分散投資，不需要公司來幫他們做**。財務原則是管理者不應該為股東做他們自己就能做的事情。但是在某些國家，企業集團可能有辦法克服勞動力、產品、資本市場的問題，並因此能創造價值。

5. **A. 股票回購的稅率可能比股利低（用資本利得稅稅率而非所得稅稅率計算）；B. 股票回購發送出公司認為股價被低估的訊號**。股東可能會偏好股票回購，因為這樣是適用資本利得稅，稅率比收到股利要繳的所得稅低，而且股票回購會透露出管理層相信股價被低估的信號。股利不會稀釋掉既有股份的價值，也不會破壞價

值，而是價值中立。不同群的股東可能會偏好不同的資本配置方法，這就稱為「追隨者效應」（clientele effect），也就是說公司會依據自家股東的偏好制定政策。

6. **D. 情境分析**。在參與競標與收購之前，公司要擔心開價過高。情境分析讓公司可以在出價前，比較準確地判斷標的價值。文化融合發生在評價流程完成之後，使綜效估值極大化則是發生在評價流程過程中，而且應該會造成收購方付太多錢，而不是降低買貴了的風險。

7. **B. 信號理論**。發行股票本身是一個價值中立的動作，但是往往會造成股價下跌，因為此舉會發送出信號，讓投資人質疑公司為什麼沒有足夠的信心靠舉債或內部籌資來投資這項計畫案。股東可能會問，如果公司認為那項投資會創造價值，為什麼不要為既有的資金提供者保留那些價值？因為存在資訊不對稱的問題，股東的結論可能會是公司之所以要找新的投資人，是因為對自己創造價值的能力不夠有信心。

8. **A. 提高 EPS 以達標；B. 發送虛假的信息，讓市場認為執行長相信公司股價被低估**。股票回購會減少流通在外股數，因此提高每股盈餘（EPS）（因為分母變小了）。無良的執行長可能會這麼做以讓績效達標（可能會讓他獲得更多獎金）。再者，因為投資人會把股票回購視為管理層相信目前股價過低的信號，因此無良的管理者也可以利用這項假設來操縱股價，仰賴信號效果拉抬股價。

9. **A. 淨現值為正的計畫**。股利分配與股票回購是價值中立的行為，只有淨現值為正的計畫可以創造價值。雖然股價可能會因為股票回購透露出的信號而上漲，但這並不會創造價值，只是提供更多訊息給股東，讓他們相信公司價值可能比他們想像的更高。

10. **A. 綜效未能實現；B. 收購價格過高；C. 文化衝突**。收購可能因為上述原因而失敗。在估算收購標的價值的時候，應該考量不同的資金成本，但這一點並不會影響收購的成敗。

詞彙表

- **應付帳款**（accounts payable）

  是一個負債科目，用於呈現企業在收到供應商以賒帳條件提供的商品或服務後，支付供應商的義務。

- **應收帳款**（accounts receivable）

  是一個資產科目，用於呈現企業在依據賒帳條件提供商品或服務後，可以在未來某時間點收到現金的債權。

- **應計會計**（accrual accounting）

  是一種多數企業遵循的會計方法；美國一般公認會計原則（Generally Accepted Accounting Principles, GAAP）和國際財務報導準則（International Financial Reporting Standards, IFRS）皆要求企業使用此方法。應計會計採用收入認列原則（revenue recognition principle）以及配合原則（matching principle）。收入認列原則要求收入應認列於收入賺得的期間，而非收到現金的期間；配合原則要求與某筆收入相關的費用依據該筆收入認列期間認列，而非現金支付的期間。

- **收購**（acquisition）

  指一家現存企業購買另一企業或資產的過程。

- **主動型共同基金**（active mutual funds）

  指經理人會主動選擇要投資哪些股票或資產的共同基金。

- **激進投資**（activist investing）

  是一種投資策略。採取此策略的投資人會購買一家上市公司極大比重的股票，以大幅調整公司策略。

- **alpha 值**

  是指某項投資的報酬率超過適切的、風險調整後比較基準的報酬率。

- **攤銷**（amortization）

  是一種將無形資產的成本分攤於其壽命期間的會計方式。若用於貸款，則指分期攤還本金。

- **賣價**（ask）

  是賣家願意接受的販售價格。

- **資產週轉率**（asset turnover）

  是在杜邦架構中衡量生產力的指標。計算方式是用某段期間的總營收除以平均總資產。

- **資產**（assets）

  是指一間公司擁有或控制的資源，並預期未來可以為公司創造經濟效益。現金、存貨和設備皆屬於資產。

- **資訊不對稱**（asymmetric information）

  是指參與交易者擁有的資訊有所落差的狀態。在資本市場中，資訊不對稱可能使企業、賣方或代理人較委託人擁有資訊優勢。

- **資產負債表**（balance sheet）

  是一種財務報表，呈現一家公司在特定時間點的財務狀態；資產負債表可以視為一家公司擁有或控制的資源，以及相應資金來源的快照。

- **破產**（bankruptcy）

  是一家企業宣告無力償還債務的過程。

- **beta 值**

  是用來衡量分散投資組合中，某項資產的風險。beta 值強調該資產的報酬與大盤的相關程度。

- **買價（bid）**

  是買家願意出的最高價格。

- **董事會（board of directors）**

  是為了代表和保護股東或更廣泛的利害關係人的利益而設立的群體。董事通常透過選舉產生，但在特定情況下也可能透過指派產生。董事會在企業內具有最高權力，負責訂定企業治理政策、監督企業營運表現，且擁有高層執行團隊的人事決定權。

- **帳面價值（book value）**

  是指一項資產的會計價值。由於採用穩健原則（conservatism principle）和歷史成本會計法（historic cost accounting），資產的帳面價值和市場價值往往不同。

- **經紀人（brokers）**

  是替客戶進行上市公司股票買賣交易的代理人。

- **買方（buy side）**

  是由購買股票的機構型投資人組成的群體，通常由共同基金等資金池構成，代表一個更大的群體購買並持有股票。

- **收購（buyout）**

  請參照收購（acquisition）。

- **資本配置（capital allocation）**

  是指將自由現金流運用於企業的新計畫或併購計畫，或以發放股利／股票回購的形式分配給股東的過程。

- **資本資產定價模型**
  （capital asset pricing model, CAPM）

  是指在分散的投資組合中，進行風險定價的架構。

- 資本支出（capital expenditures）

  是指企業用於購買資產或長期使用的資產的金錢。

- 資本密集度（capital intensity）

  可以用來衡量產生未來現金流所需要的相對資本多寡。資本密集度越高代表需要的資金越多。

- 資本市場（capital markets）

  是進行股權和債權等金融請求權買賣的市場。本質上，資本市場就是將資本供給方（投資人）和使用方（企業）進行配對。

- 資本結構（capital structure）

  是企業的籌資方式中，股、債的比例。

- 總資本（capitalization）

  指一家公司的權益和債務價值總和，通常以市值計算。

- 附帶收益（carried interest）

  是一種給私募股權和對沖基金經理人的誘因性契約，按照經理人的報酬績效支付薪資。

- 現金（cash）

  是一個資產科目，包含現金、活期存款，通常也包含約當現金（多為九十天內可贖回的存款或其他流動性投資）。

- 現金轉換週期（cash conversion cycle）

  指企業從向供應商購買存貨到支付現金的天期，計算方式為存貨天數加上應收帳款收帳期，再減去應付帳款付款期。

- 現金分配（cash distribution）

  指透過股利發放或股票回購分配現金給股東。

- 現金流（cash flow）

  是指一間公司產生的現金量；可指稅前息前折舊攤銷前盈餘（EBITDA）、營業現金流（operating cash flow）或自由現金流（free cash flow）。

- **籌資活動現金流**
（**cash flow from financing activities**）

  指企業的現金流量表中，涵蓋所有籌資來源和用途的部分，包含用以擔保或償還債務本金（貸款、債券、本票）、發新股或回購股票。

- **投資活動現金流**
（**cash flow from investing activities**）

  指企業的現金流量表中，涵蓋所有投資活動（即收購和撤資）的部分，包含對不動產、廠房及設備等有形資產的投資，以及對其他企業的投資。

- **營業活動現金流**
（**cash flow from operating activities**）

  指事業的現金流量表中，涵蓋所有營業產生或使用的現金的部分。現金來源包含銷售產品或服務產生的現金，現金用途包含生產和提供產品或服務使用的所有現金。

- **財務長**（**chief financial officer, CFO**）

  是負責一切財務交易和管理的企業高層主管，向執行長匯報，最終對董事會負責。

- **普通股**（**common stock**）

  是代表業主權益最常見的股票或股份類型。儘管普通股有時可以再細分不同等級，不過普通股股東通常都享有特定權益，包含按比例分得企業盈餘、董事選舉權以及對董事對股東提案的投票權。

- **企業**（**company**）

  一般而言是指為了在某個生意領域中，以提供產品或服務換取利潤而成立的法人實體。企業適用的所有權和責任法律架構因管轄區域不同而異，但常見的區分型態為獨資經營（proprietorship）、合夥公司（partnership）和股份公司（corporation）。

- **利益衝突**（**conflict of interest**）

  指一個人的專業和公共利益相互衝突的狀況。

- **企業集團**（**conglomerate**）

  是指由多個不相關的事業組成的公司，事業營運彼此獨立，但共同隸屬於一個控股公司。

- 期待價值權工具
  〔contingent value right (CVR) instrument〕

  是股東在公司被收購後，可以選擇購買更多被收購公司的股票或獲得現金的權利。

- 控制權溢價（control premium）

  是指受益於擁有整家公司的掌控權，而獲得現行股價之上的額外價值。

- 相關性（correlation）

  是指兩個變數間，一者因另一者變動而變動的程度。

- 成本會計（cost accounting）

  是一種設法掌握企業生產成本的方法。

- 資金成本（cost of capital）

  指企業動用資本需要支付給資金提供者的成本。

- 債務成本（cost of debt）

  指企業舉債的成本，通常以借貸金額的百分比計

算；也可以用年度成本金額計算。

- 權益成本（cost of equity）

  指企業募集股權的成本。與債務成本不同，權益成本並不是一個明確的成本，而是以投資人的期望報酬率（%）衡量；也可以用年度成本金額計算。

- 財務困難成本（cost of financial distress）

  指企業因陷入財務危機而蒙受的損失（如：人才流失；供應商不願意接受賒帳三十或六十日付款，要求立即付款）。

- 銷貨成本（cost of goods sold, COGS）

  指賣出的存貨所對應的支出；也可稱為銷售成本（cost of sales）。

- 成本結構（cost structure）

  指將一個產品或服務的成本要素拆分成固定成本與變動成本以進行的分析。

- **信用利差（credit spread）**

  指企業為其事業風險而承擔高於無風險利率的利差或溢價。

- **流動資產（current assets）**

  指現金及其他預期可在一年內轉換為現金的資產（若企業的營業週期超過一年，則為一個營業週期內）。

- **流動負債（current liabilities）**

  是一個負債科目，包含一年內須結算或以現金清償的債務（若企業的營業週期超過一年，則為一個營業週期內）。

- **流動比率（current ratio）**

  是一項衡量指標，用來判斷一個企業償還短期債務的能力。計算方式是用流動資產除以流動負債。

- **存貨天數（days inventory）**

  是現金轉換週期中，庫存在出售前的平均持有天數。計算方式是用日平均存貨除以銷貨成本，或是用365除以存貨週轉率。

- **債務（debt）**

  是指對債權人有固定償債利率的財務義務。債務本金可按債權人要求或預先訂定的時程償還。如果一家企業陷入財務困境或解散，債權人可優先於股東獲得賠償，並可取得資產控制權。

- **確定給付（defined benefit）**

  是一種由雇主贊助的退休金計畫。雇員的退休金給付額由特定因素決定（如：年資長短或歷史薪資）。企業負責管理退休金投資組合，由於有給付年金給受益人的義務，因此要承擔投資策略的風險。

- **確定提撥（defined contribution）**

  是一種由雇主贊助的退休金計畫。雇員的退休金由雇主和雇員共同提撥。雇員承擔退休金投資策略的風險。

- **折舊**（depreciation）

  是一種將有形資產（如：設備）的成本分攤於其壽命期間的會計方法。

- **折現率**（discount rate）

  是指企業用來推估一串未來現金流現值的百分率。折現率應反映貨幣之時間價值，一般會考量通貨膨脹和風險溢酬。

- **折現**（discounting）

  是套用於一連串現金流的計算流程，將未來現金流折算為現值。折現率（百分比）反映資金提供者的相應機會成本。

- **分散投資**（diversification）

  是指將財富配置於不同公司和資產類別，而非集中於幾個投資部位。

- **股利**（dividend）

  是將事業產生的部分自由現金流按股數發放給股東的現金。

- **盡職調查**（due diligence）

  是指在完成任何協議前，對計畫進行檢視的流程，目的在充分了解該計畫的所有面向，包括價值、風險和預期成效。

- **杜邦架構**（DuPont framework）

  是一種將股東權益報酬率（ROE）拆分為獲利能力、生產力和槓桿度三項元素的分析方式。

- **稅前息前盈餘**
  （earnings before interest and taxes, EBIT）

  由淨利加上稅負與利息計算而得，也稱營業利益（operating profit）。

- **稅前息前折舊攤銷前盈餘**
  （earnings before interest, taxes, depreciation, and amortization; EBITDA）

  是一種判斷指標，在排除非現金成本和籌資成本後，算出企業產生的現金。計算方式通常是把攤銷與折舊費用加回 EBIT。

- **每股盈餘**（earnings per share, EPS）

  是淨利對流通在外股數的比率。

- **EBITDA利潤率**（EBITDA margin）

  是一種計算利潤的方式，以 EBITDA 而非淨利作為公式分子（EBITDA÷營收）計算利潤，以將重點擺放在現金上。

- **效率市場理論**（efficient market theory）

  是一套投資理論，認為股價反映所有可得資訊，且績效不可能持續打敗市場基準指標。這套理論可以細分成幾種論述，強調市場上不同的資訊流通狀況。

- **捐贈基金**（endowment funds）

  是一種長期成長且可以產生收入以支持組織宗旨的機構型基金。常見的捐贈基金有大學院校、醫院或非營利組織管理的基金。

- **企業價值**（enterprise value）

  是指將企業未來產生的所有現金流折算並加總後，計算而得的企業總價值。也可以將權益市值加上債務價值後，減去超額現金計算而得。

- **證券分析師**（equity analyst）

  是為機構型投資客戶提供上市公司研究服務的個人，通常受雇於投資銀行。分析師會評估股票的價值，並建議客戶應該買入、賣出或持有。

- **權益發行**（equity issuance）

  指企業出售股份以募資。

- **期望報酬**（expected return）

  指投資人依據預期風險產生的期望報酬率。

- **期望價值**（expected values）

  指一個計畫或收購案的多種可能情境之機率加權報酬總合。

- **企業價值**（firm value）

  請參見企業價值（enterprise value）。

- **預測**（forecasting）

  指利用可得資訊和假設，估算未來的收入、支出和現金流量。

- **自由現金流（free cash flows, FCF）**

    指企業在支應所有需求後，剩餘可分配給投資人或重新投入企業的現金流量。自由現金流不受企業籌資方式影響。計算公式為：自由現金流＝（1－稅率）×EBIT＋折舊攤銷－資本支出－淨營運資金變化。

- **商譽（goodwill）**

    是企業收購產生的無形資產價值，反映收購價格超越被收購企業有形資產淨值的部分。

- **毛利率（gross margin / gross profit margin）**

    是一種獲利能力的衡量指標，呈現營收扣除銷貨成本後的剩餘金額占總營收的百分比，計算方式為某段期間的毛利除以營收。

- **成長型永續年金（growing perpetuity）**

    與永續年金（預期將永久持續的現金流）類似，但成長率為定值。

- **對沖基金（hedge funds）**

    是一種通常僅接受專業投資人投資的投資基金。

對沖基金受到的法規限制較共同基金少，因此可以進行槓桿操作、集中投資、放空標的。

- **對沖（hedging）**

    是一種利用對沖部位降低價格逆向變動風險的投資策略。

- **誘因（incentives）**

    是個體認知到善盡其角色職責能獲得的獎勵。

- **損益表（income statement）**

    是一張財務報表，呈現企業在某段期間的盈餘（營收減去費用）摘要。表中列出該段期間內所有名目科目的活動情況。

- **產業（industry）**

    指經濟體中一群提供相似產品或服務的企業。

- **首次公開發行（initial public offering, IPO）**

    是一套流程，透過在證券交易所發行和販售公司股份將此公司從私人公司轉變為上市公司。

- **無機成長**（**inorganic growth**）

  是指透過收購其他公司全部或部分持份而達成的成長。

- **機構型投資人**（**institutional investors**）

  是集結多方資金並代為投資的實體（如：共同基金、對沖基金）。

- **無形資產**（**intangible asset**）

  指非實體資產（如：品牌、專利和版權）。

- **整合**（**integration**）

  指合併兩家公司的運營以形成單一實體的過程。

- **利息保障倍數**（**interest coverage ratio**）

  檢視的是企業的獲利是否足夠支付其利息支出，用以衡量該企業的財務耐受力。計算方式為：EBIT 除以利息支出或 EBITDA 除以利息支出。比率越高，代表企業支付利息的能力越強。

- **利率**（**interest rate**）

  指貸方向借方收取的貸款回報。在分析金錢的時間價值時，有時與「折現率」一詞混用。

- **內部報酬率**（**internal rate of return, IRR**）

  是指利用淨現值（net present value）公式反求出的、可使淨現值為 0 的折現率。因此，若某投資案的內部報酬率高於企業的最低報酬率，則視為值得投資。

- **存貨**（**inventory**）

  是一個會計科目，涵蓋為販售給客戶而購買或製造的原物料。存貨的最終型態是販售中的產品；存貨售出後，成本就會被認列為費用，計入銷貨成本。製造業者可能有處在不同完成階段的存貨，如：原物料、半成品和製成品。

- **存貨週轉率**（**inventory turnover**）

  是衡量一家企業存貨管理效率的比率。計算方式是用一段期間的銷貨成本除以該期間的平均存貨。求得的數字代表該期間內，存貨售完的次數。存貨週轉率＝銷貨成本÷期間平均存貨。

- **投資銀行（investment banks）**

  是幫助企業以舉債或發行股票募集資金的金融機構。投資銀行也會提供正在進行併購活動的公司顧問服務。

- **投資人（investor）**

  是指任何以自有資金在資本市場中投資各類金融產品的個人或單位。

- **即時生產（just-in-time）**

  是一種將原物料、在製品和製成品的在庫時間最小化的存貨管理方式。換言之，此方式使存貨週轉率達到最大值。

- **槓桿（leverage）**

  指靠舉債獲得資金。高槓桿企業的債務相對於其他資金來源占比明顯較大。

- **槓桿收購（leveraged buyout, LBO）**

  是指大量舉債以取得資金將一家企業從原業主手

中收購的行為，通常是收購公開發行的公司，並在收購後下市。槓桿收購讓收購方可以用相對少的權益投資取得一家大公司的控制權。

- **槓桿資本重組（leveraged recapitalizations）**

  是一種一方面增加舉債比例、一方面對股東進行支付的籌資策略。

- **負債（liability）**

  是企業因其作為而須對銀行、供應商、政府或員工等另一實體進行支付的義務，或在未來提供商品或服務的義務。

- **流動性（liquidity）**

  是指資產轉換為現金的速度與難易度。舉例而言，應收帳款的流動性較存貨高，因為存貨必須先售出才能轉為應收帳款，應收帳款經收討後再變現。也就是說，應收帳款要轉換成現金的步驟比存貨少一個，因此流動性較高。

- **市場效率**（market efficiency）

  是指相信市場具有高度效率的概念，認為股價反映了所有關於該檔股票的可得資訊。請參見效率市場理論（efficient market theory）。

- **市場不完美性**（market imperfections）

  指因資訊不對稱、交易成本或稅負等因素導致現實狀況與理想市場間出現差距的情況。

- **市場指數**（market index）

  衡量多種股票所組成的總體表現。例如：標準普爾 500（S&P 500 Index）衡量的是美國前 500 大上市公司的價格變動。

- **市場風險溢酬**（market risk premium）

  指投資人投資風險性市場資產時，因承擔較高風險而預期獲得的超額報酬。

- **股價淨值比**（market-to-book ratio）

  指市場價值對帳面價值的比率。

- **市場價值**（market value）

  指一家企業或一項資產若於市面上販售可得的價值。通常市值與帳面價值會因歷史成本會計法而有所出入。

- **有價證券**（marketable securities）

  指任何可以相對輕易轉換為現金的證券。有價證券的到期日通常是一年或更短。定存單、國庫券及其他貨幣市場證券都是有價證券。

- **到期日**（maturity date）

  指債券本金到期、債券消滅的日期。

- **合併**（merger）

  指兩家公司同意合併為一家新的實體。

- **乘數**（multiples）

  是一種企業評價方式，將可類比的企業的市值與營運指標相比較，再將此比較值套用於欲進行評價的企業之運營指標，進行評估。

- 共同基金（mutual funds）

  是一種由眾多個體投資人的資金組成的基金，會設定欲遵循的特定投資策略。投資策略範圍很廣，可能是投資特定產業類股，也可能是模仿大盤配置的指數型基金。基金的價格按資產淨值（net asset value, NAV）計算；投資人依據此價格買賣共同基金。

- 淨債務（net debt）

  是一項槓桿指標，計入企業持有的現金並將現金視為負的債務。

- 淨現值（net present value, NPV）

  指將某計畫的未來現金流現值減去初始投資額獲得的值。淨現值為正代表該計畫具有潛在投資價值。

- 淨利（net profit）

  指一家企業的總盈餘（或獲利）。雖然淨利可能為負值，但負淨利不一定代表企業的財務狀況欠佳。淨利的計算方式為營收減去所有支出（包含現金及非現金支出）。也稱為本期純益（net income）。

- 應付票據（notes payable）

  是一個負債科目，呈現將於近期到期的債務。

- 營業收入（operating income）

  請參見稅前息前盈餘（EBIT）和營業利益。

- 機會成本（opportunity cost）

  指因未實現某一機會而失去的報酬。

- 有機成長（organic growth）

  指因投資內部計畫產生正自由現金流而獲得的成長。

- 其他資產（other assets）

  是一個資產科目，呈現所有無法歸入現有科目類別（如：存貨或應收帳款）的資產。其他流動資產為可在一個營業週期內（通常是一年）轉換為現金的資產，不包括現金、證券、應收帳款、存

貨和預付資產。其他非流動資產包含不計入長期資產（如：不動產、廠房及設備）的資產。

- **被動型共同基金**（passive mutual funds）

  是一種僅投資標準普爾 500 等市場指數的基金，經理人不得自行做決策。

- **應付帳款付帳期**（payables period）

  是計算現金轉換週期的要素之一。指一家公司以賒帳方式向供應商購買物品至付款給供應商的平均天數。

- **回收期間**（payback period）

  指從一個計畫、資產或企業產生的正現金流完全抵銷投資金額所需的時長。計算時，通常不考慮金錢的時間價值。

- **退休基金**（pension funds）

  是一個組織為未來雇員退休金給付所提撥的金錢累積而成的基金。退休基金在資本市場進行投資時，目標是要擴大基金規模並提升基金受益人現在及未來的收入現金流流量。

- **資訊完全流通**（perfect information）

  指的是市場中所有人都能取得相同資訊的情況。

- **永續年金**（perpetuity）

  是一種預期可以永遠持續、不會變動的現金流。

- **特別股**（preferred stock）

  是一種特殊類型的股票，與普通股的不同之處在於股利分派權、投票權和清算分配權皆優於普通股。

- **現值**（present value）

  指將未來現金流以特定折現率進行折現的過程，算出那些現金流的現值。

- **本益比**（price-to-earnings ratio）

  指一家公司的股價與每股盈餘的比率。

- **代理人問題**（principal-agent problem）

  是指當委託人將某件事情委託給代理人時，因為設定上出現雙方目標衝突、資訊不能完美流通而

產生的問題。

- **穩健原則（principle of conservatism）**

  認為會計涉及估算且估算應採取保守估值而非較樂觀的估值。在穩健原則下，資產以較低的估值記錄，負債以較高估值記錄，營收和盈餘則在具備合理確定性時才記錄，而支出及虧損則是在具備合理可能性時即認列。

- **私募股權（private equity）**

  是一種在公開資本市場外，提供私人企業股權或債權籌資的資金來源。私募股權公司、創投家和天使投資人皆屬私募股權。私募股權的投資策略包涵瞄準新創公司、提供成長資本、從財務危機中扭轉公司營運、提供管理資金，或是進行槓桿收購。

- **生產力（productivity）**

  用於衡量任何商業活動每單位投入換得的產出的多種指標，例如：每員工小時營收或營收對資產比率。

- **獲利能力（profitability）**

  是指各種以淨額（減去部分或所有成本後的金額）除以營收的衡量方式，例如：毛利率、營業利潤率和淨利率。

- **利潤率（profit margin）**

  指一家企業的營業毛利或淨利對營收的比率。

- **不動產、廠房及設備
  （property, plant, and equipment; PP&E）**

  是一個資產科目，涵蓋一家企業常規性直接或間接用於產品和服務生產的實體資產，例如：土地、機器設備、建築物、辦公設備、車輛和其他具顯著成本的實體資產。不動產、廠房及設備總值一般指原始投資價值。不動產、廠房及設備淨值則反映各資產的累計折舊。

- **速動比率（quick ratio）**

  是一種較流動比率更為嚴格的企業短期債務償還能力衡量指標，計算方式為存貨減去流動資產後，再除以流動負債。

- 比率（ratio）

  是一種比較兩個相關項目的方式，將兩個數額相除以進行比較。例如：用總負債除以總資產，就可以算出利用舉債購入資產的比例。

- 應收帳款收帳期
  （receivables collection period）

  是現金轉換週期的要素之一，用天數衡量一家企業從賒帳客戶手上收到付款所需的時間。

- 蕭條（recession）

  指長期的經濟活動衰退。

- 報酬（return）

  指因投資而取得或損失的金錢。

- 資產報酬率（return on assets, ROA）

  是以企業資產為基礎，衡量其利潤產生效率的指標，計算方式為淨利除以總資產。

- 資本報酬率（return on capital, ROC）

  是將資本（股、債）提供方獲得的報酬除以提供

的資本算出的比率，計算方式為 EBIT 除以債務和權益的價值。也稱已動用資本報酬率（return on capital employed, ROCE）或投資資本報酬率（return on invested capital, ROIC）。

- 股東權益報酬率（return on equity, ROE）

  指股東權益所有人因投資該事業而獲得的報酬，計算方式為淨利除以平均總權益數值。

- 營收（revenue）

  是從常態業務活動獲得的總收益。

- 風險（risk）

  是一個廣義的詞，指涉多數個體依據其風險趨避性會傾向避免的各種結果。

- 無風險利率（risk-free rate）

  指對貸方而言幾乎無違約可能時，可獲取的利率。美國政府債券的利率是最常用的無風險利率標準。

- **募資輪**（rounds of funding）

  指新創企業為籌集資金而分次發行股份，也稱為創投募資輪（venture capital funding rounds）。

- **情境分析**（scenario analysis）

  是一種預測可能的未來結果並計算各結果發生機率的分析方法。

- **證券**（security）

  是一種代表對企業資產請求權的金融工具。

- **賣方**（sell side）

  是買方的相反方，包含所有與創造和販售股權／債權金融工具相關的單位。投資銀行、交易員及某些分析師皆被視為賣方。

- **股東權益**（shareholders' equity）

  指屬於公司股東的殘值請求權。在將一個事業的所有資源（資產）加總並減去所有第三方（如：債主和供應商）對資產的請求權後，殘值（即殘餘的部分）為股東權益。股東權益涵蓋兩項要素：以換取該事業某種程度的所有權為目的而貢獻（投資）的金錢，以及事業逐年產生並保留的盈餘。股東權益也常稱普通股（common stock）、業主權益（owners' equity）、持股人權益（stockholders' equity）、淨值（net worth）或權益（equity）。

- **夏普率**（Sharpe ratio）

  用於衡量每單位風險相應的報酬，此處的風險往往以報酬的標準差定義。

- **放空**（short selling）

  指借股票來賣，再以較低價格重新買進歸還，透過價差獲利的過程。此策略的設計旨在利用股價下跌的可能性獲利，或用於避險。

- **發送信號**（signaling）

  指透過股利發放或股票回購等金融交易，間接向投資人或市場提供資訊的過程。

- 主權財富基金（sovereign wealth funds）

  是歸屬國家所有，代替公民進行投資的基金。資金來源大多是石油收益等自然資源權利金。主權財富基金的經營目標為獲得長期成長和作為未來給付市民的財源。

- 即期市場（spot market）

  是一種金融工具或商品在購買後立即交付的市場或交易所，與買方是先付款、未來才取得標的的期貨市場相反。

- 現金流量表（statement of cash flows）

  是一種呈現一年內現金量淨變化的財務報表，其中包含三部分：營業活動現金流、投資活動現金流和籌資活動現金流。

- 股票回購（stock buyback）

  指企業管理層決定買回自家企業的股票，作為一種資本配置策略運用。也稱股票買回（stock repurchase）。

- 股票選擇權（stock options）

  指在特定日期具備以預先決定的價格買入或賣出一支股票的權利，但無執行義務。

- 股票分割（stock split）

  指將現有股票分割為新股票，以將原有股票的價值分割至多張股票。

- 沉沒成本（sunk costs）

  企業過去已投入的成本。在做決策時，不應該被納入考量。

- 綜效（synergies）

  指兩家企業合併後，創造出高於個別市值合計的價值。

- 系統性風險（systematic risk）

  指金融證券無法透過分散投資消除的風險。

- 終值（terminal value）

  是一種評價方式，用以計算所有未來現金流在某

一未來時點的價值，且過程中不需要無止境地預估那些現金流的數額。

- **投資期間**（time horizon）

    指一項投資在清算前持續的時長。

- **金錢的時間價值**（time value of money）

    指現在獲得的金錢比未來才能獲得的相同單位金錢更有價值的概念。其價值差異在於無法立即擁有現金而付出的機會成本。

- **交易員**（traders）

    以個人身分進行股票買賣，而不是像經紀人一樣擔任客戶的代理人。在交易過程中，他們為市場提供流動性，並試著以相對短線的投資操作獲取報酬。

- **評價**（valuation）

    指判定企業、計畫或資產價值的過程。

- **價值中立性**（value neutrality）

    是一種認為市場價值不會因籌資交易等特定改變而發生變化的主張。

- **創業投資**（venture capital）

    是一種專門投資新創和小型事業的投資資本。此類投資多為未來成長潛力高的高風險投資。創投公司本身是一家私有實體，不會在任何證交所上市。

- **波動度**（volatility）

    用來衡量某變數偏離自身長期平均值的程度。

- **加權平均資金成本**
  （weighted average cost of capital, WACC）

    是一種考量權益和債務成本、相關資本結構和發債創造的節稅效果後，計算而得的資金成本（％）。

- **營運資金**（working capital）

    是一家企業進行基本營運所需要的資金金額，常

見的計算方式有：流動資產減流動負債，或存貨
加上應收帳款減去應付帳款。

● **殖利率曲線**（**yield curve**）

是一條代表同品質債券在不同到期日的利率（或
殖利率）的曲線。

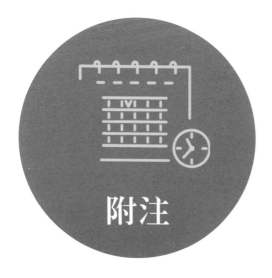

附注

第一章

1. Bill Lewis et al., "US Productivity Growth, 1995-2000," McKinsey Global Institute report, October 2001, https://www.mckinsey.com/featured-insights/americas/us-productivity-growth-1995-2000.

第二章

1. Barry M. Staw and Ha Hoang, "Sunk Costs in the NBA: Why Draft Order Affects Playing Time and Survival in Professional Basketball," *Administrative Science Quarterly* 40, no. 3 (September 1995): 474-494.

第三章

1. William Alden, "PepsiCo Tells Activist Investor Its Answer Is Still No," *New York Times DealBook* (blog), February 27, 2014, https://dealbook.nytimes.com/2014/02/27/pepsico-tells-activist-investor-its-answer-is-still-no/.

第五章

1. Michael J. de la Merced, "Southeastern Asset Management to Fight Dell's Takeover," *New York Times DealBook* (blog), February 8, 2013, https://dealbook.nytimes.com/2013/02/08/southeastern-asset-management-to-fight-dells-takeover/.

2. Dan Primack, "Icahn: I've Lost to Michael Dell," *Fortune*, September 9, 2013, http://fortune.com/2013/09/09/icahn-ive-lost-to-michael-dell/.

3. In re: Appraisal of Dell Inc. (Del. Ch., May 31, 2016), C.A. No. 9322-VCL, https://courts.delaware.gov/Opinions/Download.aspx?id=241590.

4. Sydra Farooqui, "Leon Cooperman on Dell, Taxes, Equity Prices, More" (video), Valuewalk.com, March 6, 2013, https://www.valuewalk.com/2013/03/leon-cooperman-on-dell-taxes-equity-prices-more-video/.

5. Steven Davidoff Solomon, "Ruling on Dell Buyout May Not Be the Precedent That Some Fear," *New York Times DealBook* (blog), June 7, 2016, https://www.nytimes.com/2016/06/08/business/dealbook/ruling-on-dell-buyout-may-not-be-precedent-some-fear.html.

6. *In re*: Appraisal of Dell Inc.

第六章

1. "AOL-Time Warner—How Not to Do a Deal," *Wall Street Journal Deal Journal* (blog), May 29, 2009, https://blogs.wsj.com/deals/2009/05/29/looking-at-boston-consultings-deal-rules-through-an-aol-time-warner-prism/.

2. Philip Elmer-Dewitt, "Is Apple Ripe for a Stock Split?" *Fortune*, February 9, 2011, http://fortune.com/2011/02/09/is-apple-ripe-for-a-stock-split/; Mark Gavagan, *Gems from Warren Buffett—Wit and Wisdom from 34 Years of Letters to Shareholders* (Mendham, NJ: Cole House LLC, 2014).

解答，第三章

1. McKinsey & Company, "The Rise and Rise of Private Markets," McKinsey Global Private Markets Review, 2018, https://www.mckinsey.com/~/media/mckinsey/industries/private%20equity%20and%20principal%20investors/our%20insights/the%20rise%20and%20rise%20of%20private%20equity/the-rise-and-rise-of-private-markets-mckinsey-global-private-markets-review-2018.ashx.

2. Michael A. Arnold, "The Principal-Agent Relationship in Real Estate Brokerage Services," *Journal of the American Real Estate and Urban Economics Association* 20, no. 1 (March 1992): 89-106.

致謝

能夠完成本書，我要感謝許多哈佛企業管理碩士（MBA）班與高層管理教育班上的同學給予我建議，還有他們的好奇心與毅力帶給我的啟發。我也要感謝財金系的同事，在教學小組討論中、還有在走廊上聊天時，花了好幾個小時和我討論財務金融怎麼教比較好，他們對本書貢獻良多。我在哈佛商學院（Harvard Business School, HBS）的研究總監辛西亞·蒙哥馬利（Cynthia Montgomery）以及 HBS 院長倪亭·諾利亞（Nitin Nohria）則給了我許多鼓勵與幫助。

本書採用的教學方法其實是我們在設計哈佛商學院的線上課程「以財金領導」（Leading with Finance）時構想出來的。巴拉特·阿南德（Bharat Anand）與派翠克·馬蘭（Patrick Mullane）扮演非常重要的角色，鼓勵我接下設計這門課的重任，並幫助我一起推出這門課。布萊恩·米薩默（Brian Misamore）是我創造這門課的絕佳夥伴，我們一起把課程從零開始打造出來。彼得·克魯埃西斯（Peter Kuliesis）也提供了多方面的協助。我也想特別感謝每一位學生帶給我的啟發，讓我把課程上採用的教學方法轉化成本書的內容。

把這些內容彙編成書其實是提姆·蘇莉文（Tim Sullivan）的點子，感謝他願意

大方分享這個點子，並給了我莫大的鼓勵，才讓本書能順利問世。凱文・埃佛斯（Kevin Evers）是我在哈佛商業評論出版社（Harvard Business Review Press）的絕佳合作夥伴，不僅出書這條路上有賴他一路引導，他對這本書的初稿也功不可沒。安妮・史塔（Anne Starr）是最棒的出版編輯，有條不紊又嚴格，最終又樂於包容。米薩默與莉安・方恩（Leanne Fan）在我們完成初稿的過程中，提供了非常有力的研究協助，魯卡斯・拉米雷茲（Lucas Ramirez）則給了我們許多實用的回饋。達琳・雷（Darlene Le）非常專業地讓我專注在手邊該處理的事情上。

我的家人緹娜・雪提（Teena Shetty）、蜜雅（Mia）、伊拉（Ila）和帕華蒂（Parvati）一直是我最重要的靈感來源，我從他們身上學到了這個世界真正應該運作的方式。沒有他們的耐心、支持與鼓勵，就沒有這本書。

國家圖書館出版品預行編目 (CIP) 資料

為什麼現金比獲利更重要？：哈佛商學院最受歡迎的財務管
　理課 / 米希爾.德賽(Mihir A. Desai)著；李立心, 陳品秀
　譯. -- 初版. -- 臺北市：商周出版：家庭傳媒城邦分公司
　發行, 2020.04
　　　面；　　公分
　譯自：How finance works : the HBR guide to thinking
　　smart about the numbers
　ISBN 978-986-477-809-6 (平裝)

　1.財務管理

494.7　　　　　　　　　　　　　　　　　109002134

BW0741

為什麼現金比獲利更重要？

哈佛商學院最受歡迎的財務管理課

原 文 書 名／How Finance Works: The HBR Guide to Thinking Smart About the Numbers
作　　　　者／米希爾‧德賽（Mihir A. Desai）
譯　　　　者／李立心、陳品秀
編 輯 協 力／林嘉瑛
責 任 編 輯／鄭凱達
企 劃 選 書／陳美靜
版　　　　權／黃淑敏
行 銷 業 務／莊英傑、周佑潔、王　瑜、黃崇華

總　編　輯／陳美靜
總　經　理／彭之琬
事業群總經理／黃淑貞
發　行　人／何飛鵬
法 律 顧 問／元禾法律事務所　王子文律師
出　　　版／商周出版
　　　　　　115台北市南港區昆陽街16號4樓
　　　　　　電話：(02)2500-7008　傳眞：(02)2500-7579
　　　　　　E-mail：bwp.service@cite.com.tw
發　　　行／英屬蓋曼群島商家庭傳媒股份有限公司　城邦分公司
　　　　　　115台北市南港區昆陽街16號8樓
　　　　　　讀者服務專線：0800-020-299　24小時傳眞服務：(02)2517-0999
　　　　　　讀者服務信箱：service@readingclub.com.tw
　　　　　　劃撥帳號：19833503　戶名：英屬蓋曼群島商家庭傳媒股份有限公司城邦分公司
訂 購 服 務／書虫股份有限公司客服專線：(02) 2500-7718；2500-7719
　　　　　　服務時間：週一至週五上午09:30-12:00；下午13:30-17:00
　　　　　　24小時傳眞專線：(02) 2500-1990；2500-1991
　　　　　　劃撥帳號：19863813　戶名：書虫股份有限公司
　　　　　　E-mail：service@readingclub.com.tw
香港發行所／城邦（香港）出版集團有限公司
　　　　　　香港九龍土瓜灣土瓜灣道86號順聯工業大廈6樓A室
　　　　　　E-mail：hkcite@biznetvigator.com
　　　　　　電話：(825)2508-6231　傳眞：(852)2578-9337
馬新發行所／城邦(馬新)出版集團 Cite (M) Sdn Bhd
　　　　　　41, Jalan Radin Anum, Bandar Baru Sri Petaling,57000 Kuala Lumpur, Malaysia.
　　　　　　電話：(603)9056-3833　傳眞：(603)9057-6622　email: services@cite.my

封 面 設 計／萬勝安
內頁設計‧排版／豐禾設計
印　　　刷／韋懋實業有限公司
經　銷　商／聯合發行股份有限公司　電話：(02) 2917-8022　傳眞：(02) 2911-0053
　　　　　　地址：新北市新店區寶橋路235巷6弄6號2樓
2020年4月7日初版1刷　　　　　　　　　　Printed in Taiwan
2024年8月20日初版4.4刷

定價470元　　　版權所有‧翻印必究
ISBN：978-986-477-809-6

城邦讀書花園
www.cite.com.tw